Ninja Innovation

The Ten Killer Strategies of the World's Most Successful Business

忍者式創新

像殺手一樣執行破壞式創新的商戰奇襲者

紐約時報暢銷書作家／國際消費電子展（CES）主席
蓋瑞・夏皮洛（Gary Shapiro）──著

陳儀──譯

不創新就滅亡

三十年來，消費電子協會總裁蓋瑞．夏皮洛透過第一手經歷，親自見證了世界各地眾多頂尖創新企業的發展歷程。現在，他就要透過本書為我們揭露諸如蘋果電腦、亞馬遜、谷歌、微軟和其他很多「忍者創新者」的幕後秘密。

要怎樣才會成功？答案是：嚴明的紀律、任務導向的策略、順應時勢的能力、果斷，還有追求勝利的意志力等。

一言以蔽之，今日最成功的企業，全都是夏皮洛所謂的「忍者創新者」……。

目錄

前言 *Preface*

消費性電子業的武術對決

我在很多年前取得跆拳道黑帶資格，這個成績讓我得以再次突破舊有的心智及生理能力極限，達到人生的另一個境界。

從「黃帶」一路晉級到「黑帶」，是一段令人精疲力竭的過程。因為不管是任何一個階段，我都得把體能保持在完美狀態，每個拳腳的定位也必須異常精準，而且更要堅守紀律。可是，好不容易熬過一個階段，精疲力竭但為自己的勝利感到驕傲的我，到頭來卻發現一切又得從零開始，先前經歷過的所有磨難，全又要重頭來一遍，因為若想追求另一種顏色的腰帶，勢必得再學一些新的踢法，還得熟練各種新「套路」（kata，譯注：又稱形，指招數的形式。練習跆拳道時必須按「形」進行）。但黑帶的考驗——意味著要完全拋棄恐懼——更遠遠超乎我的想像。

不過，相較於旁觀我七歲和八歲兒子競逐黑帶資格的過程，我個人所承受的前述考驗根本算不了什麼。

每當觀看他們的對練賽時，我的胃總是整個揪在一起，幾度忍不住想衝到練習墊上保護我的孩子們。不過，我和當時的太太最終都還是按捺了下來，因為我們知道，孩子們正在學習一個重要的課題：**成就是用犧牲和風險換來的**。

儘管我全家人最後都幸運爭取到黑帶資格，但我知道，我們是這個課程裡的少數份子。很多學員在取得代表某個里程碑的腰帶後便中途退出。當然，其中也不乏屢敗屢戰，執著地為了爭取黑帶資格而一再勇敢接受考驗的人。但對多數人來說，那些套路和技巧都實在太過艱難，有時候，分數真的很不容易突破。

這一路上，我也參加過幾場搏擊賽，這些比賽的驚嚇及風險指數都遠遠超乎我的想像。畢竟練習是一回事，實際上場搏擊又是另一回事。但也只有在那幾次比賽，我才真正有機會施展自己的跆拳道格鬥技巧，因為在現實生活中，我從未利用這些技巧來自衛，就我所知，我的孩子們也都沒用過。說到這裡，你可能會有點納悶：那我們幹嘛為了區區幾條不同顏色的腰帶去自討苦吃？這是個好問題。

跆拳道教我的事

我最初研習跆拳道的原因是，我認為和孩子們及當時的太太一起學跆拳道，對一家人來說是非常棒的共同經驗。不過，隨著我們一起慢慢晉級，我突然領悟到，學習跆拳道不僅是為了他們，這整個過程也讓我自己變成一個更專注、更紀律嚴明的人。其實我生性就不是那種凡事都無所謂的混仙，其實根本不需要藉由跆拳道來提振自己對工作或家人的熱情。

但是，這個研習歷程卻無形中讓我養成了一種不同的工作方法；它將一切井然有序地轉化為一個基礎架構，幾十年來，我一直都依循著這個基礎架構在做事。

如果非要我解釋這個基礎架構，那我會說：**如果想成功，就必須先設定目標；要達成目標，就必須擬定一個策略；而若想徹底執行那個策略，你必須能夠擺脫失敗對你的干擾。**

事實上，你必須利用那些失敗，讓自己變得更加精進。我是透過跆拳道研習搞懂這個簡單準則的，而即使我早已收起我的跆拳道道服，但我到今天還是會將這個準則應用到自己的職業生涯上。

不過，這個基礎架構中的某一個要素無法簡單加以定義，那就是**創新**。在跆拳道中，你若想成功擊敗對手，就必須用過去未曾有過的方式移動。換言之，你必須能用一種足以改變賽局的方法，將自己透過研習、實際經驗和失敗所學到的教誨應用到比賽裡。

如果你只是反覆使用教練傳授給你的老招，絕對不可能成為跆拳道比賽的獲勝者，這個道理連初次參加跆拳道對練的白帶學員都懂。

你的競賽對手不可能用公平的方式來和你對戰，他的出招方式也不可能恰好符合你的期望，而且，不管你出什麼招，對方絕對會還擊。一旦你站上比賽的軟墊，就必須假設競爭對手也對你所知道的一切瞭若指掌，所以，他當然也有自己的一套致勝策略。在這種情況下，**打敗對手的唯一方法，就是「出其不意」，換言之，不創新的人就會滅亡。**

一個最多變又充滿驚歎的競爭行業

我在世界上最多變的產業——**消費性電子產業**——工作了三十年，也是這個產業的領導者之一，而以上和跆拳道有關的種種體悟，正好和我透過這個產業多年經驗所學到的基本道理不謀而合。

你可以用金錢來衡量我們的成就，的確，金錢確實是很令人印象深刻的衡量指標。不過，我並不是用這種方式來衡量這些的成就。對我個人和所有產業成員來說，成功的定義是指達到原本無法克服的高峰。最值得一提的是，很多消費性電子企業的確反覆不斷地實現了這個成就，讓整個世界截然不同於二十年前。

從智慧型手機、電子閱讀器、高畫質數位電視到無線寬頻，從數位相機、MP3 播放器、平板電腦到動態偵測（體感）遊戲等——一切的一切都不斷變化，**沒有任何一項產品能免疫於競爭的影響；而且，絕對沒有人知道五年後會是什麼樣的光景**。為什麼會這樣？答案很簡單：創新。

這麼說並不是在貶抑其他產業的成功企業，我甚至會在後續篇幅中討論到其中幾家別的行業的公司。不過，我向來在消費性電子產業打滾，而且有幸親自目睹這個產業一步一腳印地蛻變為當今這個巨人；透過第一手觀察，我從這個產業的崛起過程中，發現了有史以來最棒的某些商業模式，也親眼目睹許多糟糕異常的模式。

透過第一手觀察，我從這個產業的崛起過程中，發現了有史以來最棒的某些商業模式，也親眼目睹許多糟糕異常的模式。

我看過非常多在短暫的時間內爆紅，但接著又迅速趨於沈寂的明星級企業，也見過不少幾經興衰但又最終再次奮起（一如眾所周知的浴火鳳凰）的公司。當然，我也見證了某些一路成長、從未嘗過失敗滋味的企業，這些企業的員工和產品堪稱美國神話的一環。

不久前，我突然意識到，這都是一些非常值得訴說的故事。尤其我們正處於一段經濟不確定時期，數千萬美國人因此失業，並對未來悲觀不已，所以，我突然體認到，我們確實有必要重新回想一下當年將美國造就成為世界上最偉大國家的因素是什麼。

二〇一一年時，我發表了《東山再起：如何透過創新再造美國夢》（The Comeback: How Innovation Will Restore the American Dream）一書，我在那本書裡詳細解說了一個能將「創新」融入美國核心經濟政策，並重振美國偉大創新精神的國家級策略。

遠古的日本忍者與今日的贏家

《東山再起》一書概述了一些足以帶領整個國家走向經濟成就的基本要素。換言之，那是極高層次的策略。至於當年胼手胝足、共同打造今日美國的一般平民百姓和企業，又該怎麼做才能讓我們的國家再次崛起？我認為我們一定可以從過去（無論經濟光景好壞）曾改變所有人生命的人身上，學會（或記取）一些教誨。畢竟浸淫在一個充斥傳奇成敗故事的產業裡長達三十年，我當然對此有一些獨到的見解。

這本書就在我分析那個問題的過程中產生。對我來說，最大的挑戰在於找出各個不同成功故事的共同特色，因為我並不想寫一本只是單純談論及記錄一堆成功企業的書，我想要探討它們為何成功。接著，我突然想起讓我得以擁有今日成就的基礎架構，所以，我開始分析這個架構是否適用於我想要述說的故事。我是透過跆拳道研習課程學會這個基礎架構的，而就其核心而言，這是研習如何成為一個武者的課程。

不過，它不只會讓人成為一個平凡的武者，更能讓人成為一個嚴守紀律、具策略眼光且滿腔熱情的武者。換言之，它能讓你成為一名忍者。

我希望能在稍後篇幅更詳細解釋我所謂的「忍者式創新」的意義：這些活在日本封建時代的遠古武士，如何讓我們了解商場的致勝之道？我們能向他們學習哪些可能有助於重燃創新熱情的方法？本書就是要闡述遠古忍者武士和今日創新武士之間的關聯性。

本書將述說非常多故事，**包括長期勞累於某個概念的創業家、一個搶救公司於崩潰邊緣的執行長、一個萬事具備但卻功敗垂成的企業、一個透過不斷自我再造並時時保有支配地位**

的大型企業等。這些傳奇故事之間有何關聯？它們有什麼特色？個別企業之間又有什麼差異？最重要的是，我們能從這些成功及失敗故事裡學到什麼教誨？

《忍者式創新》一書將給你上述所有問題的答案。

開場

創新要像忍者，才能在最殘酷行業中生存

The Way of the Ninja

如果沒有這些產品，我們有可能過著和如今截然不同的生活。因為我很清楚相關的人或企業為了創造這些改變人類生活的革命性產品而付出了多少代價，所以，我深知這一切得來不易。

別把一切視為理所當然

一九六七年六月，有史以來第一場消費性電子產品展在紐約市舉辦。當年消費性電子產業的產值只有80億美元（以貨幣現值計算，那大約是550億美元），而且以電視和高傳真（hi-fi）市場為中心。不過，這個產業也經歷過類似低潮的時期：收音機銷售額一度大幅下滑，導致產業裡的幾個主要廠商進行公開的裁員。

所以說，儘管消費性電子產業持續成長，過程卻不平穩；但在如此不確定的環境下，「電子產業協會」（Electronic Industries Association, EIA）的首席主管傑克．魏曼（Jack Wayman）卻眼光獨到，決心舉辦一場專屬於消費性電子產品的展覽。

於是，就在那年夏初之際，1萬5千名製造商、經銷商和零售商齊聚位於曼哈頓中心位置的亞美利加納飯店及希爾頓飯店，穿梭在占地十萬平方英尺、設有一百個展示區的展場裡，當時展出的新產品超過一千項。根據《紐約時報》對這場展覽的報導，那些產品涵蓋了「香菸盒大小，但只要價八美元的收音機，到價值1萬5千美元、約莫一個房間大小的立體聲音響。」

展場裡展示了各式各樣的電視機、電晶體及桌上型收音機、唱片播放機，還有將以上所有先進視聽產品（AV）組合在一起的落地櫃等。當時最新的時髦科技產品，是使用「卡帶」或「Playtape」（當時的新款壓縮磁帶〔compact cassette〕格式）的立體聲錄音帶播放機／錄音機，以及愈來愈多仰賴「固態」（solid-state）零組件（而不再是真空管）的裝置，積體電路便是其中一項零組件。根據《紐約時報》報導，展場內有「各式各樣的電視機、收音機或卡式錄音機，能滿足各種品味或價格要求的人。」

消費性電子如何改造了人類生活？

將時光向前快轉四十五年。這場專為消費性電子產品舉辦的專業展，已發展為美洲最大規模的專業展「國際消費性電子展」（CES）。《紐約時報》針對二〇一二年在拉斯維加斯舉辦的國際消費性電子展，撰寫了數十篇相關報導，儘管內容多少有點誇大，但看過其中一篇報導，便可知道這場展覽的變化有多驚人：

場內有一百萬支最新的安卓（Android）系統手機和視窗（Windows）系統手機，其中很多都是4G手機（4G意味在大城市的上網速度較快）。

微軟發表它大受歡迎的 Kinect 產品，以前，使用者將它接到 Xbox 電玩機器後，只要在電視機前移動手臂和腿，就可以玩電動遊戲，但現在它已經推出能使用於視窗電腦的 Kinect 了。

安卓、視窗、Kinect、Xbox、4G？如果一個人從一九六七年搭時光機到現代，絕對不會知道這些字眼有什麼意義。但我們今天一看到這些字眼，就馬上知道它們代表什麼：手機、電腦作業系統、電視遊樂器，還有超寬頻網際網路通道。一九六七年時，八美元的「卡帶錄音機」就足以讓消費性電子展參加者發出由衷的讚嘆聲，但今天，內建超強運算能力（超過將美國人載到月球上的阿波羅火箭）且小到能放進口袋的裝置，才足以引起人們的激賞。

事實上，二〇一二年國際消費電子展的規模為有史以來最大的一次，參加者超過15萬6千人，參展廠商也超過3千1百個。與此同時，二〇一二年美國消費性電子產品的年度工廠銷售金額超過兩千億美元，全球銷售金額更是首度超越一兆美元。這比一九六七年增加了1700%。

一九六七年時，最大的科技進展是雷．杜比（Ray Dolby）的降低噪音系統。而到二〇一二年，真正殺手級的創新則是……不勝枚舉。技術突破日新月異，所以很難說哪個創新比較偉大，而且，比較這些也沒什麼意義。我們能說蘋果公司的iPad平板電腦比亞馬遜的Kindle Fire或三星的Galaxy更先進嗎？每個人的說法都莫衷一是。真正令人大開眼界的，其實在於這些最成功的消費性電子產品公司驚人的創新速度。

一如第二次世界大戰後、一九七〇年代末期及一九八〇年代末期兩次經濟衰退後的情況，這一次消費性電子裝置似乎將再次成為協助經濟走出谷底的主要動力。因為儘管經濟衰退，二〇一一年全球消費性電子裝置相關支出的金額卻仍高達9930億美元，而且有史以來頭一遭，消費性電子產品生產商——蘋果公司取代了汽車或石油公司，一躍成為全球最高市值的企業。

在前幾次由消費性電子產品驅動的經濟復甦期（那都是不久前的事），消費性產品的支出主要都是受到一些「必要性」的科技（但其實在這些科技推出前幾年，一般人都還認為它們只是幻想）所驅動。

一個推動推時代、使人們忘記過去生活的創新行業

舉個例子，第二次世界大戰後，每個人都想要一台所謂的「電視機」、新型高傳真音響裝置及電晶體收音機等。到了一九七〇年代中期，因石油禁運而引發的經濟衰退期過後，帶領經濟走向復甦的，則是人們爭相搶購新型卡式錄放影機（VCR）、個人電腦和可錄寫式光碟（CD）的熱潮。一九八七年股票市場崩盤後，無線電話、行動電話、個人數位助理（PDA）、全球資訊網、數位相機、衛星電視、全球定位系統（GPS）裝置及高畫質數位電視等，則是促成一九九〇年代科技狂熱的主要推手。

到了這一次，所有人都湧向各種網路購物及實體商店，去搶購觸控螢幕裝置、體感（gesture-based）遊戲器、能連接網路的「智慧」高畫質數位電視和藍光播放器、功能強於十年前的桌上型電腦的4G智慧型手機、電子書閱讀器、媒體匯流機上盒（STB）、雲端訂閱

服務，以及不到一吋厚且重量低於三磅的超輕薄筆記型電腦等。

儘管現在市面上還買不到很多未來主義者心目中的二十一世紀人類日常用品——個人火箭背包（jetpack），也沒有類似電影《星際大戰》裡的那種「傳送室」，但未來幾年間，我們的家庭和辦公室都將導入更多新技術，例如跟鉛筆一樣薄且和感恩節火雞一樣輕的有機發光二極體（OLED）高畫質數位電視；每秒速度高達數億位元組（而非數百萬位元組）的802.11ac 無線保真（Wi-Fi）網路、補強且最終將取代「通用連接埠」（USB）的「霹靂」（Thunderbolt）裝置連接器、幾英里外就能感測到的「超級」Wi-Fi 熱點、超寬螢幕的高畫質數位電視、恆久監控人類健康情況的人體感應器，甚至無人駕駛的汽車等等。

儘管歷史上不乏由消費性電子產品驅動的經濟復甦，但綜觀產業發展史，從來沒有任何時刻像現在這樣，充斥那麼多影響力強大的新型基礎技術。換言之，我們活在一個和一九六七年完全不可同日而語的世界。

我這麼說並不是因為這些創新產品來自我所代表（儘管我難免有點偏頗）的產業，也不是企圖說服你們相信這個世界已經變得比以前更好。畢竟，所謂的「更好」是有很多其他因素共同造就的。

相對的，那是因為消費性電子產品已成為我們生活中不可或缺的一環。在邁入二十一世紀第二個十年的今天，如果一個美國人沒有手機，他絕對不可能擁有最高的生活效率；如果一個二十一世紀的企業不願讓所有員工都擁有上網的機會，它絕對不可能僥倖存活；再者，說得稍微誇張一點，如果全球資訊網突然消失，全球經濟很可能因此內爆，因為幾乎每個現代官方及民間系統都要求具備網際網路功能，只有美國郵政局例外——說不定它會把全球資訊網的消失視為它的黃金時代的開始。

我的三十年驚人見證

不過，這本書並不是要述說消費性電子產業發展史，所以，我彙整上述種種進展的目的，當然也不是要回顧我們過去的豐功偉業。相對的，我之所以提出這個觀點，是因為我認為人類傾向於將一項不可或缺的工具——不管它是不是電子產品、iPhone 或甚至一輛汽車——視為理所當然。換言之，當這些產品的蜜月期一結束，我們就將它的存在視為理所當然，而且，還會假設它們就像日出日落那樣自然地存在我們的生活，換言之，我們認定一切本該如此。

但我們忘記了一件重要的事：**如果不是某個人、某家企業、某個組織或國家讓這些產品成真，它們根本就不會存在我們的生命裡。技術進展並非一條無止盡向上的軌道，沒有任何事是理所當然的。**就讓我以人類駕馭「電」以後，最具革命性的科技——網際網路及全球資訊網為例。

網際網路是先進研究局網路（ARPANET，又稱「阿帕網路」）在一九六九年所開發，這個單位是美國國防部在蘇聯發射「史潑尼克」人造衛星後，於一九五八年成立，主要負責先進科技的研究。成立這個單位的出發點，是為了建立一個不會被潛在的全球性戰爭破壞的分散溝通網路。這個網路的任何個別節點（node）都有可能被破壞，不過，它必須能繞過被破壞的節點，維持整個網路的正常運作。後來，學術界成為這個網路的最大使用者，很多研究人員為了分享數據而將他們的電腦連上該網路。

說到這裡，我們要來玩一個「**如果…會怎樣**」的遊戲。如果俄羅斯人當年沒有發射「史潑尼克」人造衛星，美國也沒有因此陷入「科技落後蘇聯」的恐慌，那會怎樣？如果當時的美國國防部做了一個截然不同的策略決定，又會怎樣？我們會創造網際網路嗎？我們很希望能這麼想，但無論如何，這個故事還有很多其他發展非常值得一提。

一九八九年時，提姆－伯納．李（Tim-Berners-Lee）和幾名歐洲核子研究理事會（CERN，位於瑞士日內瓦，一個國際科學組織）的研究員同儕，共同創造了一個稱為「超文件傳輸協定」（HTTP）的電腦碼、一個稱為「超文件標記語言」（HTML）的文字格式碼，和一個通用資源識別符號（universal resource identifier，即後來的通用資源定位器〔universal resource locator〕，URL）來辨識文件的所在位置，這就是「全球資訊網」的基礎。

另外，開發傳輸控制協定（TCP）和網際網路協定（IP）的文特．瑟爾夫（Vint Cerf）博士和羅伯．康恩（Robert Kahn）博士，分別在二〇一〇年和二〇一一年因對網際網路發展的重大貢獻，而榮登「消費性電子產品名人堂」，並被任命為「消費性電子協會數位愛國者」。

如果說美國政府為網際網路建構了地基，那歐洲核子研究理事會就等於是為它建造了房間和電梯，而幾年後成立的運算服務公司（CompuServe）、美國線上（AOL）及奇蹟（Prodigy）等公司，就是第一批房客。所以說，從網際網路的「發明」，到美國人開始普遍使用電子信箱，大約是三十五年的時間。如果你認為那一切的一切——所有決策、人員、環境和好運——無論如何都會發生，那就太把這一切當成理所當然了。

網際網路絕對是個不朽的成功故事。因為如果沒有它，一切就會非常不同。而這就個故事符合本書所要闡述的主旨：一個獨特、影響力強大且符合民主精神的成功方法。

待在消費性電子產業三十年的我，目睹過非常多成功案例，當然，也見過很多失敗者。我之所以選擇先簡單概述我最熟悉的產業，原因在於這個產業的整個發展歷程並非那種「時勢造英雄」式的歷史，這是一個由上千個不同成功經驗所組成的故事，其中有些成功案例和其他人毫無關係，但有些則和其他成功案例密切相關。儘管現在人類的生活早已被很多重要的消費性電子產品支配，但我們卻將之視為理所當然，鮮少思考過：如果沒有這些產品，我們的生活有沒有可能和現在完全不一樣？

這個產業的整個發展歷程並非那種「時勢造英雄」式的歷史，這是一個由上千個不同成功經驗所組成的故事。

答案是肯定的：如果沒有這些產品，我們有可能過著和如今截然不同的生活。因為我很清楚相關的人或企業為了創造這些改變人類生活的革命性產品而付出了多少代價，所以，我深知這一切得來不易。

我對這本書非常有自信，因為長達三十年的產業經驗，讓我得以深刻了解這些人、企業和社會為什麼會成功。如果我是美國「鋼鐵產業協會」的主席，那我的見解也許就不太值錢。不過，我很幸運，**因為我身處最有能力驅動美國經濟前進的產業，打從這個產業誕生，我就和它同在**。但我不敢居功：我只是想分享自己的所見所聞，還有我學到的教誨。我認為這是一個非常值得述說的故事，希望你也認同這一點。

講求紀律與聚焦目標

誠如我在前言提到的，我是在思考「一個人士、企業和組織必須具備什麼特質才能功成名就」時，突然產生了寫這本書的靈感。

究竟這些人、企業和組織之間有何關聯性？當然，在眾多同行都失敗的情況下，不同的成功者必定擁有一些共同的特質。就在思考這個問題時，我想起了當年研習跆拳道的情形。

在研習武術的過程中，我也會學會了遵守紀律。光是定期去上課，就足以建立一種有助個人成長和發展的紀律。此外，這些課程本身也含括了一些有助於培養專注力、尊重和內在意志力的儀式，而這些都是成功的必要元素。

這些課程教導學生在進入跆拳道班或和教練打招呼時，必須將雙手放在身體兩側，同時恭敬地行禮。經過幾次以後，敬禮雖會成為一種例行公事般的習慣，但這項儀式卻讓我們更了解尊敬師長和學園的重要性。

每堂課開始時，全班的學員都必須一起背誦一段誓詞。儘管不同學園和不同類型跆拳道的誓言不盡相同，但多數都不脫尊敬、紀律和基本的倫理道德原則等共同主題。我參加的跆拳道班的誓詞如下：

「我們保證嚴守精神和身體紀律，
我們要彼此為友，並培養團體力量，
我們絕不為了達成自私的目標而打鬥，
因為修養智慧和人格才是我們的終極承諾。」

每天上課前先複誦這些誓言，不僅能強化學員對團體的共同目標的認同度，也讓人無形中養成個人紀律。此外，它也像深植於一般團體活動中的例行性撫慰力量之一；一如讓學生們每天早上背誦〈效忠誓詞〉，重複背誦確實有助於每天的反省和人格的建立。

背誦完誓詞後，就是密集且令人精疲力盡的例行班級熱身練習，包括伸展操及伏地挺身。接下來，我們會複習各種武術套路，如特定踢腳、拳擊和阻攻等格式化的例行練習。隨著學生不斷晉級，套路的難度也會提高，不過，練習的目的永遠不變：「例行性」有助於紀律的培養。

我們有時候也會練習一些踢法、接受武器訓練，最後以對練做結束。在對練時，我們會穿上防護衣、戴上手套和面具，全心全力學習如何在自制的情況下打鬥。身為一個父親，我總是憂心忡忡地看著自己年幼的兒子和別人對練，不過，其實護墊和頭盔足以吸收對手的打擊，而這些護具的保護也讓戰士們得以更加專注。

在緩慢但穩步學習這項武術，一步步追求下一等級腰帶——這是跆拳道的恆久目標——的過程中，以上所有習慣便在無形之中漸漸被強化。你不僅將獲得身體層面的進步（當然，這是保持體能的好方法），這個過程也能幫助你培養一種堅韌的心理狀態，讓你在追求其他人生目標時受用無窮。這是一種非常需要紀律的學習！

這整個經驗讓我的兒子們和我自己養成了紀律、尊敬和自信。儘管我認為自己還沒有和李連杰對決的能耐，但我很肯定，現在的我已因當時的武術訓練而變得更專注。不過，也許更重要的是，研習武術是一個不斷設定目標與不斷達成目標的過程，而這個領悟讓我突然聯想到自己在職涯中目睹過的成功人士：他們都非常精於設定與實現目標，他們一路上不斷努力追求晉級，即使沒有在第一時間達到晉級的目標，也會不斷繼續嘗試。

不過，「武術創新」這個詞聽起來實在不夠響亮，我認為「忍者創新術」更好。

何謂忍者之道？

事實上，名稱還是其次。隨著我不斷思考，我也漸漸地體認到，武術是一種藝術，但忍者卻是一種受過專門訓練的職業：忍者是一群專門研究武術的人，但他們不僅是為了研究而研究。他們研究武術的目的，是為了成為更棒的忍者。我個人認為這似乎是最大的微妙差別，於是，我開始研究所謂的忍者之道。他們都是些什麼人？他們扮演什麼角色？為什麼忍者已經在歷史上消失了好幾百年，但他們的傳奇卻到今天都還是為人所津津樂道？

我認為了解忍者的關鍵之一，就是比較忍者和封建時代日本世襲制「**武士**」（samurai）之間的差異。日本世襲制武士和歐洲的武士很像，日本武士一出生就是武士階級，一如歐洲的武士也是封建歐洲時代擁有封地的貴族。日本武士是貴族戰士，他們必須遵守一定的倫理與行為守則——也就是所謂的「武士道」。事實上，他們非常重視自己身為主人的地位，而且，在武士階級，不名譽堪稱最大的罪惡。

斯波義政（Shiba Yoshimasa）是十四世紀的日本世襲制武士，他曾說，對一個武士來說，死在戰場是莫大的榮耀：

「不在應死的時刻死去是莫大的遺憾……，首先，一個專業的武士在思考並採取行動時，不只要考慮自己的名聲，也應該考慮到祖先的名聲。他不該為了苟且偷生而背負永世的臭名……，一個人除了要為帝王犧牲性命，也必須能為了遵守身為將軍的承諾而犧牲。唯有如此，才能為他的祖先留下美名。」

這非常勇敢，但遵守那種型態的嚴謹倫理守則的武士們，並非真的那麼在乎成或敗的問題。換言之，武士打從一出生就得遵從他們的守則。儘管他們也會非常積極地藉由擴展或捍衛自身封建勢力的方式來達到自我防衛的目的，但他們其實並不那麼目標導向。

接著，讓我們看看忍者和武士有何反差。很少人知道忍者確實的起源，不過，大約在十四至十五世紀間，他們開始以「**武士的間諜**」之姿現身。

忍者是武士雇用的中下階層人士（這是另一個顯著差異），他們因擁有獨特的技巧及精良的訓練而受到重視。武士生來就是武士，無論劍術精不精良，他們無論如何都是武士，然而，忍者卻是活在一個「能者為王」的世界，擁有足夠才能的忍者才有機會出頭天。

因此，忍者會因時制宜地發展一種今日所謂的「**非傳統戰爭**」的技巧，換言之，某些忍者精於諜報、搞破壞、滲透及暗殺等藝術。忍者暗中存在許多世代，直到十六世紀左右，日本封建家族開始雇用這類特別的戰士為他們從事骯髒勾當的情事後，忍者的存在才漸漸為世人所知。

武士總是在公開的戰場中光名正大地打鬥，而忍者卻可能趁著你熟睡時割斷你的喉嚨，換言之，他們不是那麼光明正大，但卻使命必達。儘管忍者也遵從某種榮耀及紀律守則，但他們並不在乎自己是否在執行任務的過程中光榮而死。他只在乎任務是否完成。

不過，如果你因此將忍者視為日本封建時代的「終結者」——那種冷血的殺手——那你就錯了。

有一個歷史學家曾用以下文字描繪某個忍者族群：「他們喬裝成不同角色出訪，深入其他領土去研判敵人的局勢；他們會利用誘騙手法，深入敵人之間，找出可能的矛盾，並潛入敵人的城堡放火，同時秘密執行暗殺行動。」

也因如此，**忍者必須像所有內行的專家一樣精明**。他們必須調查敵人的防禦措施，並找出打敗敵人的方法。他們不能藉由直接帶領強大軍隊上戰場打仗的方式來打敗敵人，那不是他們的工作。他們必須觀察諸如城堡等的防禦形勢，同時調查出它的弱點，當然，他們得設法迴避敵方的探查，而如果發生意料外的情況，也必須能適時調整方向，最後，切實完成被指派的任務。總而言之，忍者和對手對戰的過程中，必須非常創新。

所以，對活在現代的我們來說，還有什麼字眼更適合用來形容一個成功的人、企業或組織？「**創新忍者**」再適合也不過了！

說到創新，讀過《東山再起》一書的讀者應該記得我對這個詞的定義，我認為它的意義遠遠超越「發明」。

我所謂的「創新」代表進步、成長，這是每個成功的組織追求成長茁壯（而不只是苟延殘喘）所需要的必備要素。**如果你只是做和其他所有人一樣的事，那你就沒有創新**。

事實上，有時候，瞬間爆紅的新產品是一種創新，但不見得所有創新都是新產品；有時候，新的經商方法也是一種創新。我認為創新是人類最顛峰的經濟表現，因為若沒有創新，人類將會變得好像不斷在空轉，難以有所突破；而有了創新，我們就能實現偉大的成就。

不過，對商業界的讀者來說，我們可以試著更明確界定創新的意義。就最基本的層次來說，商業創新可分為三種：

- **進化**：在成熟市場中，競爭者和顧客大致上都預期到會發生的一種改良。例如，我認為速度更快的電腦晶片算是一種進化。
- **革命**：在成熟市場中，競爭者和顧客大致上不預期會發生的一種改良。例如，以手機市場來說，智慧型手機的推出就是一種革命。
- **破壞**：顧客和競爭者多半都沒有預期到的一種改良，它可滿足一組新的顧客價值（customer value），最後更可創造出競爭者急著想要了解並順應其中的一個新市場。這就是一種值得秘密發展的創新。例如行動電話對傳統固網電話市場來說，就具有破壞性。

創新是人類最顛峰的經濟表現，因為若沒有創新，人類將會變得好像不斷在空轉，難以有所突破；而有了創新，我們就能實現偉大的成就。

我認為「忍者創新」是最能闡述成功之道的貼切用語。你必須展現出古代日本忍者的特質——完成工作是唯一目的——才有成功的一天。**他們不受成規約束，必須發明新的方法。忍者不必為數眾多，只要一小群專家就足以達到目的。你不能要求他們做稀鬆平常的事，因為他們的存在是為了完成不平凡的任務。**

當然，古代忍者和現代忍者創新者的主要差異是，前者一旦失敗就會致命。但現代忍者無需承受這樣的命運。

一個人可能失敗了幾十次以後，才終能實現驚人的成就。事實上，在這個世界上，美國是個非常獨特的國家，因為我們獎勵失敗者：我們要你親自去嘗試。在美國，某些最成功的案例其實也曾是最失敗的案例。

例如，在美國對英獨立戰爭時，喬治．華盛頓打過無數敗仗，到最後才終於獲得奇蹟般的勝利；政治圈也一樣，林肯在參議院選舉時敗給了史帝芬．道格拉斯，但卻留下了史上最值得後人懷念的幾場辯論，最後更成功拯救了美利堅合眾國；在產業界，亨利．福特的第一家企業「底特律自動車公司」才成立三年就黯淡解散，但短短兩年後，他又成立福特汽車公司；另外，也許更令人津津樂道的是史帝夫．賈伯斯（Steve Jobs）的故事，他一生失敗的次數應該是超過成功次數。當然，我自己也有數不清的失敗經驗。

一個人可能失敗了幾十次以後，才終能實現驚人的成就。事實上，在這個世界上，美國是個非常獨特的國家，因為我們獎勵失敗者：我們要你親自去嘗試。

現代商場上的「忍者」

基於本書的目的，我對古代忍者相關象徵的討論將到此結束。換言之，我接下來將討論我自己對現代忍者外顯特質的解讀：他們怎麼看待自己的工作、如何對付競爭者、如何戰勝機率、如何擬訂計畫、如何戰鬥，以及如何獲得最終的勝利。畢竟這本書並不是討論忍者的歷史課本，而是要探討如何在今日的世界通過成功的考驗。

我試著把「忍者式創新」的特質細分為十種，並分別在接下來的章節闡述這些特質。簡單說，這些特質包括：

第1章「以致勝目標——想贏過對手，你有多飢渴？」：忍者的目標是要打敗敵人並完成任務。相同的，企業的目標也是要創造優於競爭者的成果。這一章將檢視一些因懷抱強烈致勝慾望而成功的企業案例和範例，這些企業之所以成功，是因為它們的商業策略本身明顯就是以「獲得勝利」為終極目標。

第2章：「你的突襲戰術團隊——如何打造忍者群？」：忍者通常是團體行動。更重要的是，他們是一個專家團隊，不是新手團隊。對任何企業來說，在邁向成功的過程中，首要步驟之一就是建立「對」的團隊。

第3章：「一旦開戰就不要害怕風險」：忍者和成功的領導人總是把被分派到的任務視為生活的一部份，而不僅是為了掙錢而不得不做的工作。如果你不願意冒險，就不可能成功。

第4章「備戰——像忍者一樣強大的心理素質」：忍者的行為是以某種特定的心理態度為基礎——我們可以稱之為紀律。如果想成功，就必須為了因應未來的可能淬煉，進行心理層面的自我強化。任何人都會失敗，而且通常會敗得很慘烈。不過，千萬不要因為失敗而忘記自己原有的目標。

第5章「戰爭的藝術——向忍者一樣靈活應變」：成功的策略是一種藝術，而非科學。沒有人能預知自己在追求成就的過程中將會遭遇到什麼事，當然也不可能擁有所有的必要知識。沒有關係，因為一個成功的策略必定是一個活的策略，在執行這個策略時，你必須能隨時進行必要的戰術調整。你的競爭者絕對是強悍又精明，他們不會呆呆地坐以待斃。隨時都可能出現意外的發展，所以你必須做好準備，根據這些意外發展來進行必要的調整。

第6章「特別守則——商場忍者不做的事」：

不管目標是什麼，你的所有行動仍都必須以一套軍事行為守則——即商業道德——為準則。當然，因為忍者不會遵守正常的守則，所以他們經常製造混亂，而這正是他們致勝的方法。不過，即使是忍者，還是會遵守某種倫理規範。

第7章「打破規則成習慣——創新思考是忍者的行動DNA」：

忍者和另一群封建時代的對應人物「武士」不同，忍者並非貴族階級。他們之所以能成功，原因在於他們是最頂尖的高手；相同的，如果一個組織採用貴族、階級化的雇用原則，而且不願接受不同的意見，那它就不會成功。最後一個倒下的忍者，將是懂得雇用最優秀人才，而且還能落實最創新成功方法的企業或個人。

第8章：「不創新就滅亡——忍者的大膽變招」：

古代忍者總是正面迎戰所有迫使他不得不修正原有方法的障礙。現代企業亦然。人生變幻莫測，不過，很多垂死的企業沒有勇氣改變原有的商業模式，只顧著尋求第三方（通常是政府）的援助。一定要有創造力、大膽、願意採納不同的路線。否則你將難逃致命的失敗。

第9章「守護創新——當人人都是忍者軍團」：

現代忍者通常屬於較大組織裡的一環。他們不僅追求成長茁壯，也會進行必要的防禦。科技讓所有人都能夠參與創新。

第10章「影武者——奇襲的競爭行動」：

忍者最厲害的技巧就是秘密行動。他能藉由掩飾和偽裝來蒙蔽敵人。偉大的忍者企業也能做到這一點，不過，這項忍者特質不屬於創新守則。

誠如我先前提到過的，《東山再起》一書分析了足以促進創新和經濟成長的總體面要素。本書則聚焦在引領個人和組織獲得成就的個體面要素。不過，這兩者永遠是相關的。若沒有資本主義這種自由且支持創新、支持成長的政府政策，我接下來將描述的所有成功案例，都幾乎不可能發生，只有少數幾個例外。直至今日，我們仍非常需要那種自由和政策。

壹

以致勝目標

想贏過對手，你有多飢渴？

Your Goal Is Victory

愛迪生不只是想發明華麗的產品，他一生都受強烈的致勝慾望所驅動，而對他來說，所謂的「勝利」，是指創造能造福一般人的東西，沒錯，就是能徹底改革這個世界，但卻又非常容易使用的東西——就像只要簡單按下電源開關就能使用的東西。

賈伯斯過世不久前對他的傳記作者華特・艾薩克森（Walter Isaacson）說：「我要摧毀安卓（Android），因為它根本是個偷來的產品。」請想像一下那個畫面，儘管賈伯斯明知自己已不久人世，但他還是那麼想要贏——他就是個典型的忍者。

若說賈伯斯擁有很多忍者創新者的特質，那可一點也不令人訝異。賈伯斯很精明、熱情且執著。忍者必須擁有以上所有特質，但擁有這些特質還不足以成為一個忍者，他還必須有一股「無論如何都想贏」的頑固慾望。

除非忍者完成所有任務，否則他並不算盡到應盡的職責。畢竟如果無法全身而退，那滲透到城堡裡又有什麼意義？相似的，對賈伯斯和其他忍者創新者來說，光發明一項好產品是不夠的。當然，每個人想要的東西並不一樣，不過，有一點是相同的：完成任務，而且必須以勝利為目標。

賈伯斯像忍者的另一個原因是，只要還有創造的能力，他絕不輕言退休。誠如以上所述，儘管他已日薄西山，卻依舊誓言要「摧毀」競爭對手。對一個以苛求聞名的人來說，「摧毀」這兩字確實非常恰當。他的例子激勵無數人在自己有生之年努力追求勝利，儘管每個人求勝的方法不盡相同。不僅如此，未來幾個世紀，賈伯斯的產品和後續的其他產品都將與人類同在，一如另一個忍者創新者的產品，迄今都還與我們同在。

實用但不漂亮

二〇〇七年11月14日那一天，聯合愛迪生公司（Con Edison）結束了長達125年的直流電服務，打從湯瑪斯．愛迪生（Thomas Edison）一八八二年9月4日在曼哈頓創立他的珍珠街（Pearl Street）發電站後，這項服務就沒有中斷過。儘管經過那麼長遠的時間，發電站本身顯然已經改變，但這項服務的終止，就好像福特汽車公司終於在二〇〇三年停止亨利．福特在一九〇三年啟動的汽車生產線一樣令人欷噓。畢竟它是愛迪生過人才智的絕佳明證。

現代人都知道，愛迪生是留聲機和白熾燈的發明人。不過，這兩項產品還稱不上他最偉大的貢獻。「**中央發電站**」的開發才是他對未來消費性電子產品最永恆的影響。

買了立體聲音響、電視機或任何電子裝置後，你的第一個動作絕對是先把它插到牆壁上的一個插座。如果不是愛迪生耗盡他幾近一生的財富，冒著賠上一世英名的風險，擇善固執地在曼哈頓南區建造「珍珠發電站」，如今的我們就不可能執行這個簡單的動作。一八八二年9月4日當天，當愛迪生下達按下開關的命令時，「福爾頓街」和「納蘇街」沿線的商店——包括《紐約時報》的編輯辦公室、大型金融公司「德雷克希爾摩根」（Drexel Morgan）的經紀大廳等——全被愛迪生所發明的白熾燈泡給點亮。請想像一下愛迪生知道自己獲勝那一刻的畫面，想必十分令人動容。他永久改變了曼哈頓，更改變了這個世界。

珍珠發電站如此攸關重大（如果愛迪生沒有建造這座發電站，他應該是會失敗）的原因是，如果沒有創建完整的電力系統，電燈泡就幾乎毫無用武之地，當然也就無法取代瓦斯燈，成為世人的主要照明來源。而如果沒有這座發電站，愛迪生也只不過是一項「不實用的酷玩意兒」的發明人罷了。換句話說，對愛迪生來說，電燈泡的發明不是結束，只是開始。當所有家庭都被電燈泡照亮的那一刻，才是真正的終點，而為了實現這個理想，他投入遠比發明電燈泡更多的精力和成本。

愛迪生和珍珠發電站的故事貼切闡述了我所謂「**以致勝為目標**」的意思。沒有人會懷疑愛迪生的過人才智，不過，世界上有成千上萬的才子，他們將發明許許多多世人從未見過的華麗產品。但愛迪生不只是想發明華麗的產品，他一生都受強烈的致勝慾望所驅動，而對他來說，所謂的勝利，是指創造能造福一般人的東西，沒錯，就是能徹底改革這個世界，但卻又非常容易使用的東西：就像只要簡單按下電源開關就能使用的東西。不過，從一個燈泡的發明，到打開電源開關那一刻的整段歷程，卻必須耗費多數其他發明人所無法承受的時間和資源。

賈伯斯也很相似。他沒興趣創造一些只能供有錢人或科技迷使用的酷裝置。他想創造的是對所有人都有用的裝置。這樣的理想需要有非常大的決心和紀律做後盾，否則很容易失敗。光是擁有過人的才智並不夠，歷史上充斥很多才智過人者，他們發明很多基於種種原因而沒有成功的東西。也許那些人純粹只是不夠幸運。但更能確定的是，你必須明確了解要付出什麼代價、要朝什麼方向前進，才有機會贏。以賈伯斯和愛迪生來說，他們的眼光正好和他們致勝的決心搭配得天衣無縫。

> **賈伯斯想創造的是對所有人都有用的裝置。這樣的理想需要有非常大的決心和紀律做後盾，否則很容易失敗。光是擁有過人的才智並不夠……**

順應時勢、調整，進而取得支配地位

體現這種致勝慾望的，不只是那些擁有看似超人智慧、眼光與致勝決心的罕見成功人士。所有的成功的團體也都受到這種致勝慾望驅動，例如消費電子協會等組織、新英格蘭愛國者美式足球隊（New England Patriots）等運動團隊，還有ＩＢＭ等企業，全都受到這種慾望所驅動。

讓我們更進一步詳細討論ＩＢＭ的情況。約莫在賈伯斯和史帝夫・伍茲尼亞克（Steve Wozniak）創辦蘋果公司前後，保羅・艾倫（Paul Allen）和比爾・蓋茲也在新墨西哥州的阿布魁爾克開業，它們計畫編寫一些電腦程式，包括為ＩＢＭ的個人電腦編寫的PC-DOS新電腦作業系統；當時ＩＢＭ為了爭取蘋果公司一手開發的非大型主機電腦市場，積極計畫建構個人電腦。後來，蓋茲和亞倫還有他們的新公司「微軟」又將PC-DOS改造為能用在

PC的MS-DOS。

一九八一年時，已經有阿塔瑞（Atari）、坦迪（Tandy）、辛克萊爾（Sinclair）、坎莫多（Commodore）等很多公司推出小型PC，但只有相對利基型的市場區隔對這些PC感興趣。不過，隨著幾名創業家推出功能更強又能跑軟體（如微普羅〔MicroPro〕的WordStar〔一九七八年〕及「超級計算」〔SuperCalc〕空白表格程式〔一九八〇年〕）的電腦後，情況開始轉變。

亞當・奧斯本（Adam Osborne）的「奧斯本一號」在一九八一年7月份上架，它是歷史上第一台「可攜式」PC，但重達24磅，螢幕只有五英寸。推出那一年，銷售量只有8千台，但隔年迅速竄升至11萬台。有一度，報導還指稱奧斯本積壓了25個月的待生產訂單，只不過，該公司卻在一九八三年9月聲請破產。緊接在奧斯本一號之後的，是一九八二年年底推出的「凱普羅二號」（KayproII）可攜式產品，這部笨重的機器一樣創造了非常成功的銷售佳績。

不過，PC時代是在奧斯本一號和開普羅二號推出期間才真正展開，那是在一九八一年8月ＩＢＭ發表「5150型」PC時。

這部電腦是採用英特爾（Intel）的8088新型晶片，同時使用了非常多現成的運算技術，更重要的是，它採用了微軟公司提供的MS-DOS作業系統。世界最大電腦製造商ＩＢＭ很快就證明PC市場非常龐大，至少就主機業務而言。ＩＢＭ和蘋果公司不同，前者鎖定它比較熟悉且早已取得支配地位的PC市場區隔：商業辦公室市場。事後證明，這的確是非常明智的決策。

原本戴克（DEC）、恩益禧（NEC）、全錄（Xerox）、愛普生（Epson）、美國電信電話公司（AT&T）及惠普等許多公司都不認為世界上存在一個「非以電腦迷為目標市場」的主流電腦市場，但它們後來很快就群起效尤，紛紛加入這股PC潮流。這些公司所推出的機器後來被統稱為「ＩＢＭ仿製品」，因為它們其實都是複製ＩＢＭ PC裡的技術，而且其中多數機器也都採用MS-DOS作業軟體。到一九八三年年底，ＩＢＭ試圖擴展這個它一手開創的市場，所以，發表了鎖定家用市場的IBM PCjr。不過，由於缺乏特色，加上一般屋主並沒有使用這部機器的充分能力（而且它的獨立式按鍵鍵盤也經常被拿來當笑柄），導致這項產品最終失敗。不過，ＩＢＭ沒有失敗太久，因為它因此更了解其他更多新市場區隔的需求。

一九八四年的PCjr後，ＩＢＭ推出一個類似Kaypro的ＩＢＭ「可攜式」PC。接著，一家稱為康栢（Compaq）的新創企業在一九八六年生產出史上第一部DOS相容的可攜式PC。於是，筆記型電腦時代就此展開，如今，筆記型電腦產品不僅活了下來，更衍生了無數其他可攜式個人運算裝置。不過，相關技術或市場並不是平穩地直線向上發展，一如忍者的戰爭，整個過程起起落落，延續幾十年。

一九八〇年代中期，黑白電腦螢幕漸漸被彩色螢幕取代，這主要又得歸功於ＩＢＭ在一九八七年推出的PS/2產品線所搭配的250色視頻圖像陣列（VGA）監視器。

接下來，隨著各種格式的錄影光碟在一九九〇年代初期興起，業界的「格式戰」變得一觸即發。為了避免爆發一場導致兩敗俱傷進而使產業滅亡的戰鬥，兩家競爭企業索尼和東芝（Toshiba），贊同由IBM出面，主導一個稱為「電腦產業技術工作小組」（簡稱TWC）的跨公司委員會，試圖調解出一個可行的方案。除了IBM、蘋果、微軟和惠普以外，其他成員還包括康栢、昇陽（Sun）、柯達（Kodak）和英特爾。該小組是由IBM的高階主管亞倫・貝爾（Alan Bell）主持。

一九九六年時，IBM設計了一個稱為「深藍」（Deep Blue）的下棋系統。這個系統比先前的所有電腦參賽者聰明很多（相較之下，你PC裡的電腦對手簡直是個傻瓜）。深藍曾在一次棋局中挑戰世界棋王卡斯帕洛夫（Garry Kasparov），儘管卡斯帕洛夫贏了，但一年後，深藍東山再起，IBM再度向卡斯帕洛夫下戰書。IBM想要贏，而它也美夢成真，在一場六回合的棋局裡，它贏了兩個回合，輸了一局，還有三個回合是和局。

二〇〇五年時，IBM將它的PC事業部賣給聯想，三年後，該公司的「藍基因」（Blue Gene）超運算程式獲得歐巴馬總統頒發的「國家技術及創新獎章」。接著，《危險境地》（Jeopardy!）益智搶答競賽導入一項產品，讓世界各地數億名觀眾都知道，這項產品和IBM有關。

二〇一一年2月，兩名史上最強的《危險境地》冠軍布雷德．路特（Brad Rutter）和肯恩．詹寧斯（Ken Jennings）在一場三人錦標賽中，和一個名叫「華生」（Watson）的參賽者競爭。兩賽制錦標賽的第一回合結束時，詹寧斯贏得了4千8百美元，路特贏了1萬400美元，而華生贏了3萬5734美元。第二場比賽結束後，參賽者的累計分數出爐，路特變成第三名，贏2萬1千6百美元；詹寧斯排第二，贏2萬4千美元，而華生則是錦標賽的大贏家，獲得7萬7147美元。

當然，所有人都知道華生不是人類參賽者，而是一台能回答以自然語言（非電腦語言）發問的人工智慧電腦系統。相較於深藍只小勝卡斯帕洛夫，華生這次可說是大獲全勝。當然，這個人工智慧程式確實比它的人類競爭者多了一些不公平的優勢，像是反應時間，但它回答問題的能力卻著實令全世界震驚。

詹寧斯後來用（目前為止）只有人類懂得的幽默，來歸納所有人對此事的反應：「我衷心歡迎我們的新電腦霸主。」的確，IBM再次勝出。

對一家創立於一九一一年（它的原始名稱為電腦製表記錄公司〔Computing-Tabulating-Recording Company〕，簡稱C-T-R）的企業來說，這樣的表現確實很不賴。在它長達102年（而我只簡單歸納它最近35年的概況）的歲月中，IBM反覆地進行自我再造，最後成為員工總人數僅次於沃爾瑪（Wal-Mart）的美國第二大企業。二〇一二年時，IBM名列《財星》雜誌全球市值第四大、獲利能力第九強，以及營收第十九大企業。這項成就多半源自於ＩＢＭ的忍者策略——**敏銳的產品定位及創新**。ＩＢＭ吸收大量數據和資訊，並善加利用數據及資訊來提高獲利能力、存貨管理能力、規劃能力及效率等，並在這個過程中創造了各種有助於城市及企業經營的軟體和程式。

我原本可以把ＩＢＭ納入本書的任何一個章節，不過，我最後決定將它納入第一章，原因是，它是一個向來以致勝為策略目標的公司。儘管ＩＢＭ規模龐大，以致於無法明快地改變原有的路線，但為了贏得勝利，它一路上還是不斷成功地自我轉型，從一家主機公司變成PC公司、諮詢公司，到一家能打贏棋王和《危險境地》冠軍的公司。要成為一個常勝軍，一定要擁有忍者般的紀律、遠見，以及技術和行銷技巧，不過，光是這樣還不夠，還要有贏的慾望。

ＩＢＭ鮮少被競爭者打敗，不過，一旦真的失敗——如它後來轉賣掉的PC事業部——它便會落實停損紀律，轉往新的戰場。儘管世人不斷讚揚微軟和蘋果公司在PC時代初期的貢獻，但從很多方面來說，ＩＢＭ才是集其大成者，從以上的歷史簡述便可清楚發現這一點。

我敘述個人電腦早期歷史的目的是為了強調一件事，儘管有時候某些人能以迅雷不及掩耳的速度獲得市場勝利，但也有一些人是透過溫和且縝密規劃的方式來獲得成就，並進而取得市場上的勝利。**成功的忍者上戰場時，可用的資源一定有限，所以他們必須冷靜且務實地分析要付出什麼代價才能獲得終極成就**，而且，他們一定會將短期的挫敗視為一種教誨，從中學習更好的成功方法。

儘管有時候某些人能以迅雷不及掩耳的速度獲得市場勝利，但也有一些人是透過溫和且縝密規劃的方式來獲得成就，並進而取得市場上的勝利。

舉個例子，儘管蘋果公司最初以蘋果II（Apple II）和麥金塔（Macintosh）重挫了競爭對手的銳氣，但從一九八〇年代末期一直到整個一九九〇年代，在這個領域拔得頭籌的卻是ＩＢＭ——當然，部分是由於微軟公司提供了一點幫助。蘋果公司早期會那麼成功（那當然不是它唯一的成就）的原因之一是，它選擇以一種對使用者友善且能讓所有家人享樂的產品來鎖定家庭市場。蘋果將它的麥金塔電腦設計得比ＩＢＭ的PC更容易使用，所以，它藉由搶先掌握學校市場而成為年輕人市場的霸主。

不過，ＩＢＭ隨著不斷改良的視窗（Windows）作業系統，改變它原本的策略。如果一個忍者知道前方那一堵擋住其去路的牆外圍有深而寬的壕溝、陡峭的斜坡或有眾多目光銳利的弓箭手，導致他難以完成任務，那他可以有兩個選擇：他可以冒險攀登那道牆，賭一賭自己的運氣，也可以繞道而行。

由於某一個競爭者的產品較受家用市場歡迎，ＩＢＭ也面臨和上述忍者類似的選擇：它可以試圖以一個較差的產品在家用市場區隔和對方競爭，但也可以避免直接參戰，轉而介入一個不同但相關的區隔。關鍵是，勝利的定義並沒有改變，那就是取得PC市場的主控權，改變的只是戰術而已。

此時ＩＢＭ的PC早已在龐大的商用市場獲得非常成功的表現，這樣的名氣讓它享有一個重要優勢：當一個家庭考慮添購PC時，平常擔負賺錢養家責任的家庭決策者（甚至主要決策者，不管是父親或母親）自然而然都會選擇買ＩＢＭ的PC。ＩＢＭ了解這個市場，而這個市場也很信賴ＩＢＭ。所以，ＩＢＭ就像一個優秀的忍者，選擇繞道而行，不直接參戰。

ＩＢＭ的策略讓它得以保有PC市場重要競爭者的地位，不過，它並未能「摧毀」蘋果。在賈伯斯回鍋後，蘋果再次恢復元氣，不過，近20年來，它的市佔率從未超過10％。ＩＢＭ後來決定將它的個人電腦事業部分拆給聯想，事後證明，這個決定一樣是那麼有遠見：二〇一二年，惠普和戴爾公司雙雙因PC銷售下滑而面臨裁員風暴，一切皆因電腦市場已逐漸轉向行動技術。

ＩＢＭ的PC經驗讓我們領悟到幾個和忍者策略及戰術有關的教誨。首先，你幾乎不可能只憑藉一己之力而達到目標（也就是致勝），取而代之的，你經常需要盟友的協助。這些盟友包括早期使用者顧客、技術夥伴和配銷夥伴等。不過，一旦你們的共同利益消失，你和他們之間的關係就會結束。這是一種「唯利是圖」的關係，當然，我們也可從中看出這個世界上鮮少存在亙久不變的聯盟關係。因此，你必須事先擬訂計畫，找出結束這種關係和未來重建這個關係的好方法。

ＩＢＭ經驗的另一個重要教誨是，忍者的策略和戰術只適合用來爭取市場，但不盡然能永久佔有市場，而ＩＢＭ總是知道什麼時候應該轉移到新的科技領域。

但它是怎麼做到的？因為它會**順應時勢、調整，進而取得支配地位**。

順應時勢

鮮少其他企業能像ＩＢＭ存活並繁榮發展那麼久，難怪ＩＢＭ通常會被視為「深色西裝」型的企業——缺乏幽默，也沒有多變的企業結構。ＩＢＭ的員工沒有乒乓球桌可用，也沒有豆豆椅可休息。不過，別誤會了，**其實ＩＢＭ是人類史上最多變的企業之一**。因為它總是能走在新技術潮流的最前端，這是讓它恆久欣欣向榮的關鍵。

當然，其中有幾波技術潮流是ＩＢＭ一手打造，這當然對它的發展很有幫助。其中一項新潮流是它最早期產品之一：員工打卡機。不過，即使某些潮流不是它發明的，它還是擁有忍者般順應多變環境的能力。舉個例子，就其本身而言，ＩＢＭ不盡然會被視為一家「網路公司」。當網路時代以迅雷不及掩耳的速度到來，很多大型企業都不認為它們未來會需要仰賴網路。畢竟，那是屬於矽谷電腦迷的領域，而且，這些商業概念看起來好到不像真的。然而，當時ＩＢＭ卻展現出「大企業將是網際網路的要角」的姿態，並利用它在主機和買賣交易方面的優勢，創造一個所謂「電子商務」的策略，結果當然是非常成功。

調整

一旦碰上一堵無法超越的牆，就應該繞道而行。誠如以上所述，ＩＢＭ曾推出一款失敗的家用電腦PC，但ＩＢＭ事後做了些許調整，並回歸舊有的行銷策略。另外，ＩＢＭ也藉由IBM OfficeVersion（有點像是微軟Office軟體的前身）的導入，嘗試介入辦公室支援平台的戰場。不過，由於這個平台原本的設計及製造和PC並不相容，所以，OfficeVersion最後並沒有繼續推動。取而代之的，ＩＢＭ採納忍者的途徑，進行必要調整，在一九九五年收購Lotus軟體公司，取得該公司較受歡迎的辦公室軟體平台Lotus Notes。

取得支配地位

世人多半認為微軟和蘋果公司是主流電腦市場知識的主要貢獻者。沒錯，它們的確實至名歸。不過，真正在幕後操縱、一路上默默埋頭苦幹，像著魔般不斷創新的企業，卻是ＩＢＭ。觀察過去的歷史，ＩＢＭ鮮少在介入一個市場後徹底失敗。較常見到的成果是它取得支配地位，最差也能獲得和其他企業並駕齊驅的地位。這都是因為ＩＢＭ採用忍者的策略：以勝利為目標。

ＩＢＭ證明，一個擁有強悍性格的企業也能創新、改變並繁榮發展。「藍色巨人」不僅實現以上成就，而且目前還保有它的個性、說服力和地位。因此，ＩＢＭ絕對堪稱一家長期的忍者型企業。

成為最優秀的，爭取第一名

我是在參加某一場晚宴時，產生寫前一本書《東山再起》的靈感。當時我坐在一個極端傲慢的中國政府官員旁邊，所以不得不和他閒聊一下。他高高舉起大拇指，對我說：「中國即將崛起。」我點頭表示認同。接著，他又把拇指向下比了比，說「美國即將沒落。」那時的我好恨自己為什麼寫過一本分析美國即將沒落（但那本書和中國即將崛起比較無關）的書。

這就是我寫《東山再起》一書的緣起。後來，那本書的成績遠超乎我的期待，而且，我在書中提出的主要建議，都已經或即將獲得美國國會的採納。儘管目前這本書的論述不再著眼於政策面，但我還是會在字裡行間探討特定政府機關：包括聯邦、州和外國政府的創新和成長策略是否已提升到忍者的層次。

我必須直言不諱地說，**中國是個忍者**，而且它的勝利與成就值得我在這一章特別加以著墨。事實上，中國有很多缺點，其中某些甚至可能是致命性的缺陷。但它最大的缺陷，卻也是它最大的資產：中國是個一黨獨裁的國家，所以它的領導人可以直接下達指令，並順理成章地認定這些指令將會被落實。

很多美國評論家都曾公開表達對這個龐大競爭優勢的羨慕之意，其中最值得一提的是《紐約時報》專欄作家，也是暢銷書作家佛里曼（Thomas Friedman）。佛里曼在二〇〇九年9月8日《紐約時報》一篇著名的專欄裡寫道：

「一黨獨裁政體當然有其缺點。不過，如果這個政體是由一群受過適度啟蒙的人所領導——一如今日的中國——那它也可能擁有非常大的優勢。一黨專政的政府能強行實施一些容易引起政治爭議、但卻有助於將整個社會推向二十一世紀的重大攸關政策。中國一心一意想在電車、太陽能發電、能源效率、電池、核能發電和風力發電等領域超越美國，這絕對不是一時興起；因為中國的領導人了解，在一個人口爆炸且新興市場中產階級人數持續增加的環境下，潔淨電力及能源效率的需求絕對會大幅上升。北京想要確保對那個產業的所有權，也下達政策命令來達到這個目的，包括下達命令提高汽油價格。」

佛里曼的坦率獲得很多人的讚賞，但他羨慕一個獨裁國家的說法，卻也遭到許多人撻伐。我個人認為這當中還是有個折衷的辦法。我們可以自我安慰地說我們只想要民主自由的市場制度，並誇口說這是史上最棒的人類制度。當然，這麼說絕對不算過份。而且，我們還可以進一步批判中國的高壓體制扼殺資訊、剝削勞工、操縱匯率及任意剽竊專利權等，橫豎那些也都是事實。

然而，佛里曼竟然在他的暢銷書《世界又熱、又平、又擠》（Hot, Flat And Crowded）一書中專門寫了一個名為〈當一天的中國就好〉（China for A Day〔But Not for Two〕）的專章。在此，我要大聲地說：**「當一秒都不行！」**自由和民主彌足珍貴，一秒都不能犧牲。

不過，儘管這麼說，我們卻改變不了中國正日益超越美國的事實，而且是大幅超越，因為中國完全無需承受美國這種民主流程（譯注：此處作者是指某種程度而言較無效率）。此外，更難以否認的是，美國現行的憲政共和體制，的確無法催生出足以維持美國經濟優勢的必要政策。換言之，如果我們想要解決眼前的問題，就不能繼續自我欺騙。中國確實做到了，而美國沒有。這不是對任何政治體制的審判，而是一個簡單的事實陳述。

根據安侯建業聯合會計師事務所（KPMG）二○一二年一份針對全球企業高階主管所做的調查，便可發現45%的回覆者（這已代表多數）指名中國將是下一個世界科技創新中心。

事實上，二○○六年時，中國政府宣布一項將該國經濟由世界工廠轉化為世界創新中心的命令。這項計畫就是眾所周知的「自主創新計畫」（Indigence Innovation），目的是希望中國能在二○二○年時成為全球創新領導者。「美國商會」（US Chamber of Commerce）在二○○九年的一份分析報告中，對這項計畫做了如是概述：

「兩百年前，正當中國王朝體制逐漸趨向腐敗之際，西方人仗恃著船堅砲利的現代技術前來叩關。……於是，這演變成一場政治及經濟面的自主創新運動，這場運動成功促使整個中國上下齊心，以在短時間內追上甚至超越西方科學及科技為使命。」

中國已經創造了許多驚人的大進展，而且每次我造訪中國，都深受它大手筆投資新建築物及基礎建設的豪氣所震懾。他們擁有為數眾多的新橋樑、機場、會議設施和道路。一路上，他們以命令、意志力和受箝制的媒體來完成這種種驚人的專案。

然而，儘管中國在製造業及建築等領域的成就非常引人注目，但在創造及創新領域，他們離世界領導者的地位可還遠得很。想要創新，就必須擁有挑戰現狀的能力，但中國人和美國人不一樣，美國人從小就被教導或鼓勵要勇於挑戰現狀，中國人卻直到現在才開始在這方面急起直追。

美國的優勢就是創新，原因有很多，包括美國人向來的樂觀進取態度、給予敏銳風險承受者獎勵的自由市場制度、鼓勵發問而非死背式學習的教育制度、能在不受政府監督的情況下促進不同觀點的《憲法第一修正案》、多元族群社會，以及美國人樂意將失敗視為學習經驗而非恥辱標誌的文化。

相反的，幾十年來，中國人習於模仿他人、不夠尊重甚至不認同智慧財產權的文化及傳統從未改變，另外，中國人也較傾向於盲從因襲，更有一個會鎮壓異議份子的政府。基於這種種龐大的文化差異，中國人要由製造轉向創新，可能還是有點勉強。

不過，他們目前的確嘗試這麼做，而且，他們的策略也令人不得不敬佩。

其中一個鮮少被提起的策略，是一個由中國政府背書的正式十年計畫（二〇一〇年至二〇二〇年），目標是要吸引最優秀、最聰明的海外中國人回歸祖國。這項專案是由中國商務部所屬的中國國際經濟合作學會副會長王輝耀博士領導，他們直接和曾在美國接受教育訓練（很多甚至已成為美國公民）的成功人士接洽，設法以極高的薪酬（有人告訴我，每個人可獲得數百萬美元）和位高權重的職位——包括中國大學院校及企業的最高領導人職務——等誘餌，引誘他們回到中國。

二〇一一年，我和王輝耀博士曾同為某個專案小組效力，他說，過去三十年間，中國派遣了十萬名學生到海外深造，中國國家菁英發展計畫的目的，就是要把國家發展為世界領導國家之一。不過，王輝耀博士也感嘆，中國人並非世界級的創新者，這主要是教育制度所害，中國教育制度的主要目標是將學生訓練為優秀的考試機器，而非創新者。為了彌補這個缺失，他提到了一個將十萬名中國學生送到美國大學院校訓練，學習創新思考的基礎概念（同時對美國人開放相同數量的中國大學院校學生名額）的計畫。

中國已經發展並開始落實一個吸引高等教育國民回歸祖國的計畫，而美國人更無意中助了它一臂之力：美國拒絕承認成千上萬名在美國大學院校取得博士學位的中國人的法律地位；美國雖頒發學位給那些中國學生，但卻沒有留下這些優秀人才的計畫。

取而代之的，我們要求他們（還有其他成千上萬名非美國籍博士）重新辦理簽證。這是個糟糕透頂的策略，因為這等於是在幫自己的競爭者訓練人才。根據中國的美國大使館報告，二〇一二年時，大約有16萬名中國學生在美國就讀。中國及其他新興國家深知自己的教育體系不像美國那麼卓越，於是，他們非常聰明地把那個責任轉嫁給離岸的美國，接著，再策劃一些有創意的方式，吸引他們的人民歸國。

目前中國也和一些海外創新中心合作，希望藉此取得尖端技術。這個策略的實例之一是：中國大型電子公司「海信」（Hisense）在二〇一二年1月時宣布將和麻省理工學院（MIT）「媒體實驗室」共同訓練人才，並推動一項有關智慧技術、人工智慧及人類電腦對話的專案合作。這是麻省理工學院媒體實驗室首度和中國企業聯盟。

最後，誠如美國商會那份研究所詳細檢視的，中國目前正透過各種鼓勵國內創新活動的政府命令來建構它的創新引擎。但這麼做也是有缺點的，它會導致這整個國家變得愈來愈保護主義傾向，並仇視外國投資及企業。

美國商會的研究報告裡提到：「中國之所以推行自主創新政策，一方面似乎是因為它害怕被外國支配，但一方面則是因為它對自身的偉大成就非常得意，並進而期望在凡事照規則走的國際社會裡成為領導者。」

不過，中國顯然有一個「**以勝利為唯一目標的忍者策略**」，而且，這個策略確實也發揮了理想中的效用。二〇一〇年時，中國超越日本，成為世界第二大經濟體。而由於平均經濟年成長率高達10％，所以中國也是世界上成長最快速的國家，根據某些人的估計，它甚至可能在二〇二〇年取代美國的地位。中國是目前世界上最大的出口國及第二大進口國。既然有那麼多好事降臨在中國，那還能出什麼差錯？

答案是：有，而且就是我先前提到的缺陷——身為一個一黨專政國家，中國有一個不時就會讓它頭痛不已的致命弱點。

我們在一九八九年天安門事件中見過這個弱點，之後幾年，也偶爾見過它，只不過，除非萬不得已，否則中國的領導人可能永遠不會再採取以坦克車碾壓群眾的那種激烈手段。而這就是我所說的缺陷：**儘管中國為了取得經濟支配地位而執行一個忍者策略，但這個經濟訴求的重要性，卻永遠比不上維繫獨裁體制的考量**。中國共產黨絕對不會讓經濟優勢成為它繼續掌權的障礙，獨裁政體的運作向來如此。

中國的領導人相信他們已經解放了一個比自由市場經濟更棒的體制，那就是獨裁經濟。但我實在不知道中國人民是否認同這一點，因為世界上所有財富都無法戰勝人類追求自由的天生慾望。而且，得到的財富愈多，那股想要自由的慾望就會愈強烈。

無論如何，我並不是在評斷中國政治體制的優劣，只想探討他們的國家經濟策略是否能驅動它走向勝利。

誠如本章提到的幾個例子，致勝的慾望——完成任務——是這些成功的個人和企業共有的關鍵特質。他們不願勉強遷就第二名的地位，而若不幸失敗，也會透過那個失敗學習，轉而到其他領域創造成就。美國可以從中國的例子學到一個簡單的教誨：我們也應該以勝利為策略目標。我們應該以維持美國經濟長期優勢為首要目標。以目前來說，我們之所以一直無法突破最近的幾個困境，主要原因就在於我們目前追求的是其他目標，不是勝利。

而如果我們將「**致勝**」列為最高目標，中國根本不可能超越我們。誠如歷史所示，到頭來，獨裁式經濟體絕對無法和一個以自由市場、自由心靈及自由企業為基礎的經濟體競爭。此刻正是重新釋放那股力量的好時機，美國應該再度成為忍者。

貳

你的突襲戰術團隊

如何打造忍者群

Your Strike Force

以開創「電子商務新時代」的貢獻來說，除了亞馬遜以外，沒有任何一家公司比得上e-Bay。但如果歐米迪亞當初沒有下定決心尋找外援，找到由惠特曼領軍的突襲戰鬥團隊，帶領這個擁有偉大創意的公司走出車庫，改採專業化管理，那一切又會變成什麼樣？

「走出車庫」吧！

車庫和偉大的新創企業有什麼關係？我敢說，我一直沒辦法創造出一個創新產品，一定是因為我唯一會擺在車庫的東西是車子，而且這輛車只會被我用來當作往返辦公室的工具。

容我簡述一下車庫和眾多偉大新創企業的歷史：一九三八年時，大衛．普克（David Packard）和威廉．惠雷特（William Hewlwtt）在加州帕羅奧圖（Palo Alto）的車庫裡開辦了他們的企業。

一九七六年，史帝夫．賈伯斯和史帝夫．伍茲尼亞克在賈伯斯父母位於加州洛斯加圖（Los Alto）的車庫裡開辦了蘋果公司。一九九八年，賴瑞．佩吉（Larry Page）和瑟傑．布林（Sergey Brin）在加州門羅公園（Menlo Park）的一個車庫裡創辦了谷歌（Google），這間車庫是一個名叫蘇珊．伍基席基（Sudan Wojcicki）的人所有，他們幫她還清房貸，而且她目前擔任該公司的資深副總。一九七四年，傑夫．貝佐斯（Jeff Bezos）看見了一個發展網路零售業務的機會，所以在他位於華盛頓州貝爾維（Bellevue）的車庫裡創辦了亞馬遜。連華德．迪士尼都是在他叔叔羅伯特位於加州北好萊塢的車庫裡開始他的塗鴉生涯。

而由於他們後來都創造了非常傑出的成就，所以，顯然建構百億王國的秘密，就是在車庫裡創業──而且最好是在加州的車庫，或至少在西岸。

說好聽點，那是浪漫的幻想，說難聽點，這樣的想法極其荒謬。我很肯定，以上所述的清單還不夠詳盡，我輕輕鬆鬆就能再舉其他幾個從車庫發跡的偉大新創企業。不過，這麼做完全沒意義。因為我發現有99%的成功新創企業和技術都不是從車庫發跡。

不過，由於蘋果和谷歌的成就實在太偉大，加上諸如《社交網路》（The Social Network描述臉書〔Facebook〕起步的虛構情節）等電影的推波助瀾，導致我們落入這些浪漫迷思的陷阱，誤以為開創並發展一家成功事業的唯一途徑，就是獨自一人或頂多找一、兩個朋友，從無到有，像變魔術般地建構出自己的未來王國。我認為這種想法傷害了美國的創新文化，因為它將眾人的種種辛苦付出貶抑為一種浪漫但不切實際的幻想。

但這一切的一切又和忍者創新有什麼關聯？很簡單：現代人對忍者的迷思是，忍者是孤單的戰士，秘密作業，和所有盟友斷絕聯繫，換言之，它們是悲劇英雄般的孤獨戰士。不過，歷史記錄卻顯示事實正好相反。

封建時代的日本忍者總是團體行動，他們通常會組成一個任務日標明確的小團隊，很像現代的美國海軍海豹部隊（SEAL）。若想完成使命，唯一方法就是共同合作，而且每個團隊成員都明瞭自己的具體角色，更清楚要如何配合整個團隊的行動。隻身一人的忍者確實有可能會是可怕的致命者，但若沒有團隊的力量，他能達成的使命有限。

談到這裡，堪稱美國第一個車庫大師的愛迪生，又可用來作為貼切的實例。多數小學生都知道，這個紐澤西「門羅公園的巫師」（不同於谷歌的加州門羅公園）幾乎沒有受過學校教育，他只上過三個月的小學。他也不是個受過精良訓練的科學家，只是一個充滿好奇心但卻天賦異秉的技師。沒錯，這些都是事實。

現代人對忍者的迷思是，忍者是孤單的戰士，秘密作業，和所有盟友斷絕聯繫，換言之，它們是悲劇英雄般的孤獨戰士。不過，歷史記錄卻顯示事實正好相反。

一般人認知裡的愛迪生，總是從頭到尾都在唱獨腳戲。當然，一個人名下既然能擁有1093項美國專利，他當然無疑是史上最聰慧的人之一，但他絕對不是靠著一己之力完成這些成就的。艾瑞克．艾薩克（Eric D. Isaac）在《Slate》雜誌的一篇精彩評論中寫道：

「想像愛迪生獨自坐在紐澤西門羅公園的工作板凳上，日復一日不斷耐心地測試各種纖維的畫面，確實令人肅然起敬。但那樣的想像卻錯得離譜。事實上，當時的愛迪生領導著一間世界最大規模的研究及開發實驗室，那是一個組織完備且擁有多元目的設施的實驗室，共聘請了一個由40名科學家及技術人員組成的團隊。

證明燈泡成功後，愛迪生繼續在鄰近的西橘子城（West Orange）建構一個更大的『發明工廠』，這個綜合設施配備各種精密的研究設施和製造產能。在最高峰時，它聘請的科學家、技師、工匠和其他工人超過兩百人。」

不過，愛迪生卻和大眾一樣，非常喜歡一般人認知裡的那個「孤獨天才」公開形象。他在一九三一年過世後，《紐約時報》用以下方式頌揚他：

「沒有任何一個人能那麼貼切地滿足通俗概念中的『發明人』形象——一個徹底改革整個世界的孤獨天才——一個征服保守主義、為城市戴上光明花環的天才，他創造的奇蹟遠遠超越了烏托邦詩人的預測……，隨著他的辭世，世界上可能再也不會有任何一個可謂為英雄的發明人，再也沒有那麼偉大的故事可述說。人類的未來可能屬於大企業的研究實驗室——由某科學界首領指揮一群訓練精良的工程師的實驗室。」

艾薩克說出了箇中的諷刺：「愛迪生其實就是那個科學界的首領，一個世界級大實驗室的執行首長。」當然，這種說法也許會傷害到愛迪生苦心經營的公開形象，但就算是聰明至極的天才，也偶爾需要別人（大力）幫忙，承認這一點並沒什麼好丟臉的。

所有擁有偉大想法或產品的忍者創新者都和愛迪生一樣需要幫手，而且，就算你擁有足夠的專業知識，能從無到有地開創一番業務並進而創造亮麗的營收，你也不可能不需要幫手。而且，不僅是處於種子階段或尚未有營收的企業需要幫手，已經真正開始有營收，甚至計畫辦理股票首次公開發行（IPO）、未來前景看好的企業都需要！或許很多野心勃勃但手下沒有太多員工的創業家當下表現得可圈可點，**但他們卻常常未能注意到自己可能即將失敗、受傷；換言之，除非他們了解自己的不足，並著手組織適當的團隊，否則終將難逃失敗的命運。**

原因很簡單，因為每一家野心勃勃的忍者型新創企業，遲早都有走到荒涼的三不管地帶的一天，它們難免會迷路、會缺乏補給，甚至連活不活得下去都不知道。很多前途看好的科技新創企業都曾走到這一步，我親眼目睹過無數類似情況。

當那些開創企業的天才們不再有足夠能力帶領公司繼續向前進時，這個令人無所適從的時刻就會來臨：新創企業尤其常在好不容易順利跨越鴻溝，獲得令人興奮的初次成功後，面臨急轉直下的處境。剛克服一個障礙並進入新領域的新創企業會發現，以前它們慣常使用的問題解決方案可能已無法因應各式各樣接踵而至的新問題。

到了這個時點，有些公司的首長們（通常是創辦人）還是有能力繼續領導公司走出那荒涼的三不管地帶，但有些卻只能無助地看著自己一手催生的寶貝痛苦陷入掙扎，甚至就此殞落。不過，真正的忍者創新者根本不會允許那個悲慘的情況發生。他們會放下自尊，採取最有助於拯救公司的行動，即便他因此得下台，將主控權拱手讓給其他人。走到這一步後，關鍵就在於如何找出適當的人進公司，擔任你的突襲戰鬥團隊。他們的任務是什麼？當然是協助領導你的企業走出荒涼的三不管地帶。

搶救 eBay 的新戰鬥團隊

一九九八年的「電子海灣」公司（eBay）還不算陷入存亡掙扎戰，不過，它當時的表現其實也乏善可陳，營收僅大約 470 萬美元。該公司創辦人皮耶．歐米迪亞（Pierre Omidyar）希望促成公司股票公開掛牌，但他心知肚明，知道自己沒有適當的幫手可完成這件任務。他也認知到自己絕對不是那個適當的人選。打從 eBay 公司在三年前創辦迄今，它的營運情況一直都像是歐米迪亞個人性格的延伸：悠閒（說難聽一點是懶散）而且非常沒有組織。

誠如曾以 eBay 公司為題而寫了一本書的亞當．柯恩（Adam Cohen）在《紐約時報》上所發表的看法：「綁著馬尾又愛穿勃肯鞋到辦公室的歐米迪亞先生，喜歡找來公司上到高階主管，下到事務性員工等所有職員，召開所謂的『經營會議』。所有人圍成一個圓圈，一邊傳著一碗糖果，一邊想點子。」

在特定環境下，這樣的作法並不盡然錯誤。不過，顯然當時的現實情況和歐米迪亞先生為 eBay 公司擘畫的願景落差過大，因此，你可以說當時的 eBay 公司已經走到創業世界的三不管地帶。歐米迪亞深知需要有人協助，才足以將公司擴展到符合他個人願景的層次，所以，他引進我們那個年代所謂的「專業人士。」原本任職於孩之寶（Hasbro）的梅格．惠特曼（Meg Whiteman）有著和 eBay 完全不同的特質。她擁有哈佛大學企管碩士學位，是一步步透過極大型企業如寶僑家品（P&G）和迪士尼等環境竄起，而且，根據柯恩的描述，她一開始就使用了「毛利率」（gross margins）等讓 eBay 公司員工猶如鴨子聽雷的語言。

不過，歐米迪亞和她開過一次會後，就宣佈惠特曼成為「eBay 人」，換言之，她當天就得到這份工作。

惠特曼上任後隨即馬不停蹄地將eBay的商品分成23個新業務類別（運動、珠寶首飾等），並引進來自各個不同產業的高階主管，分別負責這些新的業務領域。儘管惠特曼的背景經歷很「不eBay」，但她隨即就領略到決定eBay命運的關鍵：用戶。她命令高階主管定期將自己的商品張貼到網站上拍賣，這等於是要求他們親自透過用戶的觀點來感受eBay經驗，她甚至還把自己的全套滑雪裝備全都拿到eBay上拍賣。eBay公司的股票迅速在那一年稍晚公開掛牌，股價從每股18美元的目標價上漲到47美元，惠特曼也因此讓歐米迪亞搖身一變，成為一個億萬富翁。

其他後續發展都已盡成歷史，無論如何，目前的eBay已成了一家價值110億美元的大企業，而因此成為億萬富翁的惠特曼，也轉移陣地到惠普公司去（忍者永不停歇）。

不過，eBay公司對經濟體系的影響絕對是無法衡量的。以開創電子商務新世代的貢獻來說，除了亞馬遜以外，沒有任何一家公司比得上eBay。但如果歐米迪亞當初沒有下定決心尋找外援，找到由惠特曼領軍的突襲戰鬥團隊，帶領這個擁有偉大創意的公司走出車庫，改採專業化管理，那一切又會變成什麼樣？

高畫質數位電視的突襲戰鬥團隊

不過，不是只有新創企業才需要忍者般的突襲戰鬥團隊。如果沒有一個積極且高效率的突襲戰鬥團隊，很多創新和產品可能永遠都不見天日，遑論成功。其中一個很棒的例子是：美國當年為了創造並推出高畫質數位電視而組成一個任務團隊。我非常有幸，親自參與了這個夢幻團隊。

高畫質數位電視並不是多數消費者想像中那麼新的技術。事實上，高畫質數位電視最早可回溯到一九七〇年代（甚至更早，但我不在此贅述相關的技術性細節了）。當時日本最先開發出一項稱為「高畫質」（Hi-Vision）的類比式高畫質數位電視系統。儘管這項技術需要比類比頻寬大約一倍的頻寬，但其解析度卻是類比技術的四倍。因此，日本人積極設法把Hi-Vision導入美國，可惜由於這項技術需要額外的頻寬，聯邦通訊委員會（FCC）基於頻寬已非常短缺而出面阻擋，導致日本人無功而返。所以，要讓高畫質數位電視在美國普及化，目標非常明顯：美國需要比類比技術更有效率的頻寬系統。儘管當時我們並未看清真正的目標，但實際上卻已展開了一個將摧毀類比電視的任務。

一九八八年1月22日當天，電子產業協會成立了「先進電視委員會」（Advanced Television Committee）。這個產業領導者協會推舉傳奇人物席德．托普（Sid Topol）擔任會長。托普的成就不勝枚舉，其中，他曾創辦一家有線電視公司，也是科學亞特蘭大公司（Scientific Atlanta，目前是思科〔Cisco〕旗下的公司之一）的創辦人。席德既是領導人，又是個技術專家，不過，他更是個創新思想家，總是不斷設法突破各種極限。他就是我們這個突襲戰鬥團隊的領導者。

至於我個人，則是擔任電子產業協會的自願律師。我竭盡所能為席德提供所有必要資訊，包括草擬立場書、議程、會議記錄等等，同時也協助他和所有關鍵參與者聯繫。我見識過他主持會議的強大功力，他總是有辦法將各團隊成員分歧的意見整合為一個受各方認同的策略。每次會議一開始，席德就會重申大家先前已達成共識的議題以及還存在歧見的議題；每次會議結束時，他也會進一步彙整我們剛達成協議的議題。

當時的我總認為歸納這些東西很浪費時間，也誤以為席德認為我們很遲鈍，但後來我終於了解，要讓一個分歧的團隊向前推進，就像俗語說的「用手推車運青蛙」一樣困難。現在的我已了解並能感謝席德所做的一切，他的定期彙整報告的作法，等於是有效建立了一個概念上的藩籬，讓整個團隊的步伐得以趨向一致，並防止成員重提已經解決的問題。

還有，相信我，電子產業協會當時面對的確實都是一些龐大的棘手問題。首先，為了推動較新且較優質的電視服務，我們必須和非常多老產業和對政治異常敏感的聯邦政府交手。高畫質數位電視不像其他科技，一般認為它是一種媒介，類似可傳導各種技術的無線電波。到目前為止，每個國家的聯邦政府都保留了分配稀少無線頻譜給各種用途的權力，例如，政府保有對特定用戶如電視、廣播、無線服務和國防通訊等的頻譜分配權，以確保這些用途的頻率不會彼此干擾。

接下來，設備製造商再針對特定頻率的特殊用途和標準，量身打造適合的技術。至少在較具代表性的民主國家如美國，聯邦政府傾向於不會去設定一些可能會導致用戶現有產品變得無法使用的標準，也不會強制要求每個用戶去添購特定的新型產品。因此，我們這個高畫質電視團隊所受到的束縛非常顯而易見：我們不能強迫一般人丟掉現有的電視，換言之，我們不能逼迫消費者買高畫質數位電視。

此外，既然日本已搶先展示了它發送及接收高畫質數位電視的方式，我們當然也就沒有太多選擇：**我們不想落後日本人，但也不想直接採納他們的標準**，不過，關於第二點，我們內部是有爭議的。有些人主張我們應該直接採納日本人的模式——不過，為了符合美國聯邦通訊委員會的頻譜規定，必須將日本的標準稍做改良。另外有些人（包括我）則主張，我們應該專門針對美國的獨特需要，另行發展一套新標準。

相較於日本狹窄的地理區域和高度集中的人口，美國的幅員非常廣大（這還沒有計入阿拉斯加及夏威夷），而且，我們的人口分佈很分散。無論如何，日本所發展的新系統基本上是採用舊的類比技術，只不過加上一些新的花招而已，我們知道美國人可以做得更好。

托普領軍的委員會採納了「為美國的獨特需要發展新標準」的立場。接著，我們聯合廣播電視公司業者，要求聯邦通訊委員會正視這個議題。聯邦通訊委員會也從善如流，迅速成立「先進電視服務顧問委員會」，這個委員會集合所有利害關係產業，並非常明智地懇求聯邦通訊委員會的前主席李察（迪克）．威利（Richar〔Dick〕Wiley）擔任委員會主席。

就這樣，近21年的工程就此展開，我們召開了數千場會議，投入了數百億民間投資，最後終於催生出世界最棒的高畫質數位電視標準。這感覺起來有點類似蘇聯人造衛星和美國登月任務的翻版：儘管日本率先推出世界第一套高畫質數位電視標準，美國花了比較長的時間，但最後的成果卻比較好。

堅持最好的標準

美國的部分成就要歸功於我們遠比日本人慎重。最終來說，這個顧問委員會衡量了超過20份不同的建議案，我們甚至為一個特殊的實驗室（先進電視試驗中心〔Advanced Television Test Center〕，當時我是該中心的董事之一）贊助資金，這個實驗室的任務是要測試各個進入決選的系統。

不過，就在預定測試作業結束前，「通用儀器公司」（General Instrument）意外宣布了一項突破：它開創了一項全數位化的傳輸系統，這和我們一直以來所測試的類比系統全然不同。不論是從技術或經濟層次來說，數位技術都好非常多，它根本是完全不同的新技術。如果使用通用儀器的系統，一座廣播電視塔每秒能傳送數百萬個脈衝波（電視端接收到的將是影像及音訊），而如果視覺景象有任何部分停格，它還能利用一些規則系統來降低資訊傳送量。我個人認為這項技術確實令人大開眼界。

當然，並不是所有人都對通用儀器的系統抱持樂觀其成的態度。事實上，這項系統的發佈，在某些早已提出各自建議案的企業之間引起了一些騷動，而且，有幾個和我同為董事成員的廣播電視產業業者也持反對意見，他們認為，大家早已就所有的規則、流程和測試基準法達成共識，所以，根本來不及再做任何調整，何況只是為了配合通用儀器一家公司的技術突破做調整。但我個人不認同這些反對意見，我堅定主張**既然美國要發展高畫質數位電視系統，那就應該發展世界上最棒的系統**。幸好威利主席也認為這項數位技術的突破確實攸關重大，所以支持重新安排測試計畫，並宣布整個選拔流程延後，以便針對通用儀器公司的數位系統進行適當的測試，同時也讓其他公司能實地試用一下這項技術。

畢竟所有人的目標全是一致的：同為美國人，大家都是為了一個共同的目的而團結在一起，所以，不能只考量任何一個人的利害得失。回顧當時，那確實是個正確的決定。

不過，延後選拔的決定卻也衍生一個問題。聯邦通訊委員會和國會原本期待能在大家事先共同議定的時程內獲得最後的結果，因此對我們的新決定頗有微詞。幸好長袖善舞的威利主席隨時向聯邦通訊委員會及國會成員通報最新的必要資訊，所以也成功阻止他們插手干預這個理當由產業主導的流程。

其實，那時有非常多企業都已為了這項專案而投入極為龐大的資金，所以，坦白說，我原本不敢指望能順利延後相關的選拔流程，更別說重新安排一個能配合數位系統的測試計畫了，所以，這個發展卻著實出乎我的意料。不過，身為先進電視服務測試中心的唯一設備製造商代表，我秉持的最高原則是；我們要的是一套能公平對待所有倡議者的最佳系統（其中多數成員都是我所屬協會的成員），當然，這也是這項工程多年來的一致主題。只是，測試過程中，相關的原型總難免毀損，每次一遇到這種狀況，就會有人幸災樂禍地奚落我：「你的系統失敗了，你輸了。」

不過，我也每次都會效法席德和威利主席，正氣凜然地反駁對方，這件事攸關國家利益，所以不能只因為一項有缺陷的零組件，就判斷一項建議案不可行。當然，過程中的小狀況也導致整個進度進一步延遲。幸好，美國最後終於發展出全世界最好的系統。至少就我所知，最後沒有任何一家公司覺得被欺騙，不認同我們的最後成果的人也不多。

儘管我代表所有科技業公司，但我後來卻成為眾人眼中的「高畫質數位電視純粹主義者」，因為我一心一意主張發展最棒的美國產高畫質數位電視。

威利主席、零售商湯姆．坎貝爾（Tome Campbell）、高解析網路的馬克．庫班（Mark Cuban）、松下電器（Panasonics）的彼得．芬農（Peter Fannon）、哥倫比亞電視（CBS）的喬．弗拉赫提（Joe Flaherty）以及詹尼斯公司（Zenith）的約翰．泰勒（John Taylor）等（看，這不就是個突襲戰鬥團隊嗎？）和我一同主導這件任務，我們提出了對美國標準的幾個共同堅持：寬螢幕、高品質杜比環繞音響，以及數百萬的電視像素（pixel）。

然而，扯後腿的戲碼還是天天上演，舉個例子，福斯電視廣播公司（Fox Broadcasting）主張，只要從類比系統轉換為數位系統就好，無須考量電視機（高畫質數位電視）的問題。儘管福斯採用以數位創新技術來全面革新運動賽事（連美式足球賽場的爭球線都清晰可見）

的轉播方式，但它多年來都堅持只採「480行」逐行掃瞄（480 line progressive）解析度的數位電視，而其他大型電視網都以「720行」逐行掃瞄或「1080行」隔行掃瞄的方式播放。幸好，到最後，福斯為了怕被冠上劣質網路的惡名，還是加入了其他人的行列，共同朝高畫質數位電視播放的目標邁進。

看似平穩的進展後來又面臨另一個阻力，因為有少數幾家電腦公司和電影導演試圖改變傳輸標準。我後來以一份簡單的建議案來回應他們的要求：與其只選擇一項標準，何不採納全部標準？換言之，每個電視接收者將能接收到每一種可能的格式，但最後呈現出來的將是電視製造商所選擇的格式。

美日歐的高畫質電視大戰

在向前推進的這一路上，也不只是美國國內發生騷動。日本的製造商見到我們在數位技術上的突破後，隨即搶著在市場上大量推出他們的類比數位電視（analog DTV），不過，他們很快就發現，美國要發展的是一個優異的數位化高畫質電視標準，所以，為了保持競爭力，他們也不得不改變路線，最後，日本製造商召回了超過10萬台類比數位電視。

歐洲方面對此的辯論甚至更有意思。歐洲地區的領袖人物認定當地消費者重視的是電視節目的品質，而非電視畫質，所以，儘管他們跟隨美國的腳步而採納數位技術，但採用的卻是較低品質的技術，而且並未採用寬螢幕電視。儘管日本過早急著推出較低品質技術的作法是一種錯誤，但歐洲人企圖藉由政府中央計畫式高壓權力來左右商業發展方向的作法也不允當。我長年浸淫在世界上技術最先進的產業及最自由的企業體系，並有幸在其中擔任要職，所以我早就看出這種高壓式的政府命令，最後一定是徒勞無功。

一九九一年時，我到巴黎參加一場研討會，並在會中發表一篇有關數位電視的演說。這是我第一次到國外出差，不過，我還是以最激昂的態度，在演說裡主張應該由消費者和市場來決定電視機應該擁有多高的品質。我主張歐洲應該選擇當下最好的系統，不該採用當地人提議的那種次級系統。

當時台下的歐洲的工程師及行銷人員都認同我的觀點，可惜掌握裁決權的卻是政府文官。所以，歐洲後來採用了較低品質的標準，換言之，電視機的基本外型（方形）並未隨著歐洲廣播電視業的標準而改變，畫質當然也不如美國標準的電視。

另外，我們向美國廣播及有線電視產業推銷高畫質數位電視的過程中，也經常遭遇到難題。和家庭影院頻道（HBO）及國家廣播公司（NBC）的幾次會談讓我很失望，包伯．寇斯塔斯（Bob Costas）在其中一次談話中說，他完全沒興趣。事實上，我們找上國家廣播公司，希望雙方能團結合作，透過高畫質數位電視來轉播一九九六年的奧運賽事，但對方不僅拒絕我們，還寄了一封威脅要採取法律行動來對付我們的惡意信函。

不過，當時也有一些較有遠見的內容提供者，其中最重要的是娛樂與體育節目電視網

（ESPN）。當ESPN宣佈設立高畫質數位電視頻道時，我馬上公開讚揚這是高畫質數位電視的轉捩點。我很快就和ESPN高畫質數位電視的提倡者布萊恩．伯恩斯（Bryan Burns）結為好友，而他也進一步擴展ESPN高畫質數位電視的節目，並為了將高畫質數位電視提升為國家優先目標而奉獻他個人的策略建言、願景和熱情。到目前為止，布萊恩還是非常有遠見，現在他已更進一步以推動超高畫質（ultra-high-definition）電視為職志。這個領域的其他偉大人物還包括製作人藍道．達克（Randall Dark），另外馬克．庫班（Mark Cuban）更成立了史上第一個高畫質數位頻道HDNet。

在進入21世紀前後之際，高畫質數位電視已在美國快速成長，連歐洲文官體系都無法不注意這個現象。歐洲衛星公司的轉播訊號品質開始提升，所有電視製造商也開始銷售寬螢幕電視機到歐洲各個市場。儘管來自歐洲政府或廣播電視台的支持非常有限，但歐洲消費者卻以他們的錢投票，選擇能讓他們在更優異的聲光效果下盡情欣賞最愛的運動賽事、電影等的全高畫質數位電視。

以上這段簡短但非凡的歷史證明，在愈來愈全球化的世界，我這個主張美國高畫質數位電視的純粹主義者是正確的：消費者壓倒性地選擇較寬螢幕及較高效率的高畫質數位電視，捨棄外型較方正且畫質普通的便宜數位電視。

高畫質數位電視的故事充分顯示，這個由許多人（包括政府及民間人士）組成的優秀突襲戰鬥團隊（包括個人和集體），確實對一項攸關未來幾十年的重要技術產生了世界性的正面影響力量——我們就是高畫質數位電視的忍者。

說起來，我們的戰鬥團隊連戰術都和日本封建時代的忍者很類似。在啟動一項任務以前，必須先選出一個受肯定的領導者，接著，他必須謹慎網羅擁有必要才華及經驗的人才，迅速組成團隊，唯有如此，整個團隊才能擁有獨立應付各種問題（包括可預見的障礙及非預期但卻又無可逃避的問題）的能力。此外，一旦任務完成，團隊就應解散，讓這些成員可以去執行其他任務。

我必須自豪地說，高畫質數位電視團隊是個罕見的案例，其中一個原因是，政府為我們提供一個非常有幫助的自由市場解決方案，它沒有變成絆腳石。政府不僅鼓勵採用一個民間產業解決方案來作為新標準，還重新包裝拍賣用的頻譜（共為納稅人多賺了2百億美元），並設下了轉換的時間表。政府還為消費者提供一項補貼（儘管我個人認為那是浪費），以確保舊電視機能接收到新訊號。

所以，下一次當你透過五十英尺的寬螢幕高畫質數位電視欣賞一場生動的球賽時，別忘了，你該感謝的不只是一個人，這項產品不是某個人獨力在車庫裡研究出來的。

了解你的弱點才關鍵！

其實當初我差點沒去學跆拳道，因為我認為我的身體太僵硬了，不可能學得來。打從年輕時，我的手就碰不到我的腳指頭，我甚至厭惡坐在地板上。有些人的身體天生就很柔軟，但我卻不是。

我看過很多空手道電影，所以，我知道最厲害的空手道專家都有辦法劈腿，而且能用各種方式踢到自己的頭頂以上的位置。我想都不敢想自己有做到那些動作的一天，因為我一直認為我無法強迫身體做到它天生無法做到的事，儘管這讓我感到很遺憾。

不過，我的孩子們卻很固執。他們想學習甚至鑽研跆拳道，於是我們去參加了一堂免費的「樣版」課程。上完課後，我發現雖然課堂上的練習很費體力，而且我也果不其然地在伸展方面遇到困難，但其實課程本身並不恐怖，所以，我後來又回去上了一堂免費課程。

第二堂課結束時，我和學園的經理坐下來深談，她詳細解說了整套課程的內容。我向她坦承我的身體不夠柔軟，所以學跆拳道的成效恐怕不好。不過，她安慰我，柔軟度並非決定一個人能否成為跆拳道高手的關鍵影響因素。她的一番說詞的確有點打動了我，不過，她開出的「家族優惠學費方案」，才是真正讓我無法抗拒的主因。

就這樣，我報名了，並就此展開讓自己變得更「柔軟」的歷程。

正式課程開始後，我發現每一堂課的練習雖然激烈且困難，但尚在可接受的範圍。套路的挑戰更高，不過，我在兒子們的協助下，也順利克服了這些障礙。對我來說，向自己的兒子學習專業技巧，是一個全新但卻頗具啟發性的經驗，也許這也讓他們變得更有自信。以當年四歲和五歲的年紀來說，他們的確是非常優秀的老師。他們電動遊戲也玩得比我好，總之，他們總是不斷打破「爸爸絕對無所不知」的迷思。

不過，在柔軟度的部分，他們可就幫不上忙了。儘管我的前直踢踢得還不賴，但側踢就難倒我了；在側踢時，腳必須高於腰部，所以，我常常得用力把頭俯向過份接近地板的位置，才能順利完成側踢。試一下就會知道我的意思。

我也嘗試過各種不同的伸展練習，不過幫助卻不大。失望之餘，我開始藉助一種能強迫伸展雙腿的特殊裝置。我每天都會增加幾個刻度，讓腿可以每天多伸展一些。我在幾個星期內密集進行這項練習，不過，卻換來全身酸痛，最後還不得不去看醫師。結果，醫師命令我馬上停止這種荒謬的定期練習。果然聽從他的指示後不久，疼痛也消失了。

後來，我轉而致力於提升柔軟度和強度，另外，我也努力練習在側踢時將身體壓低，讓每一次側踢都能踢得更高。

很多顧問書籍會建議你設法改善自己的弱點。當然，特定弱點確實有改善的必要。不過，我發現這個規則並不是完全無法變通。每個人總有一些不擅長的事。跆拳道讓我了解到，最好的方式就是坦然接受自己的弱點。我了解自己的弱點，並學習接受它，因為我知道自己永遠也不會成為李小龍。

這個道理也適用於培養員工。以前，我每年都習慣進行年度員工面談，而且過程中會花很多時間和個別員工討論他們的缺點，同時商討將其缺點轉化為優點的方法。不過，他們的缺點還是鮮少改善。

以前，我每年都習慣進行年度員工面談，而且過程中會花很多時間和個別員工討論他們的缺點，同時商討將其缺點轉化為優點的方法。不過，他們的缺點還是鮮少改善。✦

在連續嘗試多年但卻不見成效的情況下，我終於歸納出一個結論：**最好還是聚焦在如何截長補短，拿一個人的優點來彌補另一個人的缺點**，另外，我也敦促員工應該多聘請能補強上司弱點並增強其優點的同仁。

我提出以上觀點的原因是，**要組成一個成功的團隊，關鍵在於了解自己的弱點**。儘管有少數例外，但設法改善弱點的作法鮮少會成功。原因是，通常弱點並不會改善，而且你的組織最後還會因此受害。讓我們回想一下e-Bay公司的情況。歐米迪亞大可以自己去學習如何帶領公司完成IPO，例如讀幾本相關的書，或是整頓懶散的辦公室風氣，或戒掉吃糖的習慣等。不過，他知道這一招不可能行得通。

如果他希望e-Bay成功，就必須引進惠特曼來彌補他個人的弱點。另外，我過去參與高畫質數位電視團隊的經驗也可做為借鏡：

我們原本可以像日本人那樣，急就章地發展出一種不成熟的產品，也可以和歐洲人一樣，啟動一個由政府從上而下地主控一切的方法。但我們都沒有那麼做，而是組成了一個能讓每個產業及政府成員發揮個人優勢，但又能彼此彌補彼此弱點的團隊，一如忍者突襲戰鬥小組的團隊。

參

一旦開戰 就不要害怕風險

In War, Risk Is Unavoidable

我們珍視失敗，而且將失敗視為一種經驗。如果你一生從未有過某種失敗，代表你沒有承擔足夠的風險。世界上其他文化背景的人鮮少像美國人那麼願意坦然接受失敗，遑論將失敗視為一種正面的事物。

在封建時代的日本，面對防禦嚴密的城堡或城市，一旦正面開戰的效益不高或等同自殺時，他們就常會利用忍者來進行滲透活動。忍者會利用各種方法（不過，這當中不包括「木馬屠城記」裡那種大型木馬）潛入城中，偵察敵人的防禦措施，同時調查可供他們放火的弱點，以便在正式攻擊發動前，分散防禦者的注意力。

這些任務的危險性顯然很高，因為不管來自什麼文化背景，任何人都不可能善待敵人的間諜。就算一個忍者能及早擺脫被察覺的命運並順利完成縱火的任務，他也等於是陷自己於一個滿佈熊熊烈火且遭受攻擊的城堡裡。

這些戰士們對自己承擔的風險心知肚明，不過，他們也知道可能會獲得什麼樣的報酬，包括小我及大我將得到的潛在報酬。若能了解這個概念，同時培養承擔風險的能力，就有機會成為一個現代忍者創新者。

為何風險很重要

即使我們不願意接受改變，世事終究是瞬息萬變。老是銷售相同產品、採用相同行銷策略且維持相同利潤率的企業，不可能在自由市場維持永恆的成就，世界上不存在這樣的企業。儘管追求一致與規避風險比較輕鬆自在，但畢竟人生和環境是多變的，所以，我們必須改變、順應時勢並冒險，才有存活下去的可能。

承擔風險並不代表莽撞或任性而為。它意味探索各種選擇，評估各種可能性，同時做出理性的決定。它意味尋求回饋，積極傾聽，同時在採取行動以前，仔細衡量所有決策的後果。一個忍者必須有自知之明，同時擁有理解這些風險的情緒智商（即一般所謂的EQ）。

美國文化向來對失敗相當包容，美國人也因此受益良多。誠如我在本書開場中提到的，某些在戰場、政治圈及商場上最成功的美國人，也都曾遭遇非常引人注目的失敗。這並不代表他們的對手生性寬容，相對的，當年有非常多股勢力意欲取代華盛頓，成為大陸軍（Continental Army）的總司令，詆毀林肯的人當然也不在少數。那他們為何最後還是功成名就？因為廣大的美國人民比其他國家的人更能坦然接納失敗者。其他文化背景的社會——尤其是亞洲社會——向來都有一種避免丟臉的強烈傳統。在他們眼中，（因失敗而）讓自己丟臉是最糟糕的事。而事實上，避免丟臉和迴避風險的行為是高度相關的。

不過，美國人卻不同，**我們珍視失敗，而且將失敗視為一種經驗。如果你一生從未有過某種失敗，代表你沒有承擔足夠的風險**。世界上其他文化背景的人鮮少像美國人那麼願意坦然接受失敗，遑論將失敗視為一種正面的事物。不過，我敢說美國人對「失敗」的看法，是讓我們向來穩居創新支配地位的主要特質。

> 承擔風險並不代表莽撞或任性而為。它意味探索各種選擇，評估各種可能性，同時做出理性的決定……。一個忍者必須有自知之明，同時擁有理解這些風險的情緒智商。

我個人也非常推崇「珍視失敗」的觀念。透過專業及私下的人生經驗，我了解到每次失敗後，學到的東西最多。現在，我已經自然而然會用「不經一事不長一智」來看待每一次失敗。我相信失敗讓我變得更好。成功固然很好，但我擔心接二連三的勝利（中間沒有發生任何失敗）會讓我變得過度自滿，讓我比較不願意傾聽他人意見或變得太過自負。

但是，我並不希望自己失敗。說實話，我和一般人一樣痛恨失敗，也會嘗試迴避失敗。不過，我不會因為失敗而癱瘓；一旦不幸失敗，我會給自己一點點時間來舔傷口。我會分析自己從這個失敗中學到什麼教誨，並期許未來能有所改善。在進入職場的早期，一個人力資源專家形容我「勇於冒險，但會先深入探究。」我到現在都認為這個描述非常貼切。

每個人都有自尊心，也有自己的聲望。每次我們嘗試去做新的事物，就等於是冒著賠上自尊和聲望的風險。我猜想，人類因害怕失敗和過度珍視自身聲望而導致很多好點子未能付諸實行。公然的失敗的確令人畏懼，不過，忍者的特質之一是，**他們了解經驗來自失誤的累積，所以他們認為即使失敗，還是有收穫**。

一般人也有愈老承擔愈不願承受風險的傾向。有些人甚至認為開創事業是年輕人的專利。事實上，蘋果公司、臉書、谷歌和微軟的創辦人，確實都不到三十歲，類似的成功企業不計其數。

年輕時，承擔風險的最大潛在損失，也許只是賠上個人的經濟財富，但年紀稍長後，你可能還得負擔家庭或對其他人的責任，而且，你可能也不想因冒險而賠上自己想要的某種生活形態。

不過，隨著年歲漸長，我在特定領域承擔的風險卻反而增加。我會針對重要的議題承擔風險並坦率直言。

舉個例子，我強烈感覺目前美國不正當地剽竊了後代子孫的資源。我冒著得罪美國兩大政黨主要領導人的大不諱，對這個議題公開發表過很多直率的觀點。不過，我大膽的強悍態度，卻反讓我獲得了一些附加利益。我發現，儘管對當權者說實話可能會讓你成為對方的眼中釘，但卻也能贏得他們對你的尊敬。我願意承擔風險並大膽直言的風格，反讓我獲得了影響各種政策的力量。

當然，我所謂的承擔風險，並不是要你在拉斯維加斯的賭場裡獨押某一注，也不是要你去買一支沒有人懂的雞蛋水餃股。

我只是想呼籲你認真探究並了解自己的行為及風險承受度，同時願意為了某種值得的東西承擔風險，而且，萬一結果失敗了，也要將失敗視為一種學習經驗。

說實話，我和一般人一樣痛恨失敗，也會嘗試迴避失敗。不過，我不會因為失敗而癱瘓；一旦不幸失敗，我會給自己一點點時間來舔傷口。我會分析自己從這個失敗中學到什麼教誨，並期許未來能有所改善。

「內建英特爾」

英特爾一九九〇年代所採用的一個策略，堪稱其創新忍者思維中最獨特的一環：**將半導體晶片品牌化，而且讓它成為消費者購買電腦時所要追求的一個寶貴特質**。

二十年來，這場運動可謂無所不在，所以一般人多半忘了它的真正意義，不過，這在當時卻是一個極端新穎的行銷手法。以前，一般人買電腦時的主要考量是軟體、設計或友人的推薦，哪有人在意電腦裡面那個沒人看得見的小晶片是誰製造的？

不過，隨著PC的快速擴散，消費者常因不知道該挑哪一台電腦比較好而變得無所適從。於是英特爾從中見到了一個商機，並隨即冒了一個大險。儘管風險很高，但英特爾的領導階層卻認為這是拓展市場佔有率的好方法，所以，它投資了數億美元在這項計畫。

我是在一九九三年第一次注意到他們的計畫，當時我和英特爾的高階主管見面，討論他們參加國際消費電子展的事宜。他們提出想在當年度的展覽中舉辦一場大型展示會的計畫，而且還詳細跟我說明。說穿了，這項計畫的主要目標是為了扭轉英特爾的形象，他們不希望外界只是把它當成一個晶片公司，他們想要成為外界眼中「生產世人夢寐以求的高效率品牌產品的製造商」。英特爾對這一場展示會可說是煞費苦心，他們要求我們設法將該公司一個半月前在另一場展覽時使用過的展覽空間留給他們。

他們的攤位確實很成功，而且，接下來那幾年，英特爾在消費電子展的展場規模更是一次比一次大、一次比一次更精緻，那些虛擬實境的展示區將該公司的尖端技術展示得一覽無遺，而那些活動當然也為英特爾奠定了堅實的成功基礎。我永遠都不會忘記這個親身經歷的「英特爾」經驗，它讓人感覺好像能觸摸到未來。英特爾聰明地利用驚人的多媒體串聯展示會，有效向我及其他人傳達一個訊息：英特爾遙遙領先幾乎所有人。這種效果絕非看看雜誌上的英特爾平面廣告就能讓人產生相同印象，甚至即使是觀看電視商業廣告，也不可能會有如此深刻的感受。英特爾聰明地利用現場經驗，改變外界對該公司、它的產品及它的重要性的印象。

英特爾也非常聰明地利用該公司執行長的基本方針演說和展示場上的行銷活動，包括招牌、刊物及現場活動等，來確保消費電子展的每個觀展者都能懂得「內建英特爾」（Intel Inside）的意思。

很快的，消費者在購買電腦時，都會先看看電腦上有沒有「內建英特爾」的標籤，就好像在購買牙膏時，會先看看有沒有「美國牙醫協會認證」一樣。採用那個自我行銷法後，英特爾順利轉型為數億個等同「科技文盲」的消費者也全都認識的品牌，那些消費者也許並不懂一部主機的主機板好或不好，但卻知道只要有「內建英特爾」，就是品質的保證。

英特爾的行銷運動教會了我三件事：

首先，**一家公司可以藉由跳脫窠臼的明智思考模式，憑空創造優異的成績**。英特爾將一個小小的晶片轉化為一種品牌，並將這個品牌轉化為數百億美元的新增營收。

第二，**英特爾的成就讓我們見證到了專業展的力量，它能創造持久且栩栩如生的互動式行銷經驗**。英特爾抓住了參加專業展的關鍵影響人物，包括媒體、零售商和華爾街從業人員。英特爾的行銷魔法在這些人腦海裡留下了深刻的印象，從此，在他們心目中，英特爾不再只是一家晶片製造商，而是憑著自身優異條件而成功的一個品牌。

最後，**英特爾讓我了解到一個有遠見的執行長對於強化並轉變公司形象有多麼重要**。英特爾的執行長克瑞格．巴瑞特（Craig Barret）幾乎每隔一年就會蒞臨消費電子展，發表一篇基本方針演說（他的繼任者保羅．歐帝里尼〔Paul Otellini〕也在二〇一二年蒞臨消費電子展發表基本方針演說）。

巴瑞特充分利用他分配到的六十分鐘，詳細說明英特爾如何「掌握」未來。另外，我也感覺到，在那麼多公司的產品當中，英特爾的產品一向都是核心產品。巴瑞特執行長不僅會傳達和公司及產品有關的各項資訊，也會讓每個觀眾對英特爾的重要性及它的未來性留下深刻的印象。

有信心才能承擔風險

英特爾願意將自家品牌赤裸裸地擺在消費者面前的主要原因是，它有充分的自信。英特爾的高階主管深知公司擁有最棒的技術和製程，而且知道這些條件不只足以支持鉅額的廣告支出，還能創造更多的績效。

相信公司未來前景的企業領導人總是熱情執著於自己的所作所為。他們會表現出超乎常人的興奮、意願、慾望及某種程度的強度，相較之下，一般人常常表現出提不起勁來的態度。

多年的產業經驗讓我有幸和很多熱情執著的領導人認識與共事。我曾被諸如思科的約翰・錢伯斯（John Chambers）所震懾。旁觀約翰在聚會中和人互動的情況，真的可說是人生一大樂事。他總是提出非常有洞察力的問題，為聚會場合注入能量，同時和旁人分享他的熱忱、意願和興奮之情。我聽過他幾場演講，台上的他總是活力十足，熱情且興致勃勃地發表他的簡報，同時用全身的肢體語言來強調他的重點。他的熱情總是能感動在場觀眾，並將這些傾聽者轉化為信仰者。

亞馬遜的傑夫・貝佐斯（Jeff Bezos）是另一個深信公司未來，並以熱情帶領同仁的執行長。傑夫的體型並不特別引人注目，事實上，以體型來說，他絕對不會是運動隊伍感興趣的那種人。不過，儘管他的體型不搶眼，但他信心十足但又自謙的簡報風格，卻足以彌補體型上的不足。儘管在場觀眾有可能極不認同他的觀點，但從他的演說還是可以聽出他堅信自己選擇的途徑是正確的。

我永遠都忘不了傑夫對我們集團所做的兩場演講。九〇年代中期——當時多數人根本還沒上過網──傑夫就已經很清楚自己將如何改變這個世界。他說明亞馬遜將成為所有產品的賣家的第一選擇，而他打算從書籍開始。當時，我記得他強而有力的演說，說服我相信了他的論述。

把時光向前快轉十二年，我又有機會聽他的演說。傑夫當時是在加州對我們集團發表演說，他詳細述說了一個「可以用電子模式閱讀的新式書籍」的計畫。我記得我同事和我都不怎麼認同那個觀點。畢竟眼前這個人不久前才藉由「投遞紙書」而改變了整個世界，現在他卻說要發展電子書？而且電子書對亞馬遜而言，也是一個全新的領域。畢竟該公司已經為了運送實體商品而設置了一個大型基礎建設，而它現在必須再為了網路內容，再迅速建立一個類似的虛擬倉庫，這是個大工程。

當然，傑夫又說中了。所以，我非常期待他的下一個大想法。以他過去的優異記錄、經驗和熱情，我敢說，下一個想法還是會成功。

不過，空有熱情不足以成為一個彌足珍貴的領導者。像全國金融服務公司（Countrywide Financial）的安傑洛・莫吉洛（Angelo Mozilo）當年也是到處推銷他公司，到處宣揚它要讓所有美國人都有能力買房子的使命。每次他一出現，我太太都會跟我說，她不信任他。結果，她的看法一點都沒錯。

其後，全國金融公司對很多資格不符的購屋者放款，金額高達幾億美元，結果它成為房地產市場崩盤的導因之一，那場危機還差點毀掉了世界經濟。

法國式的「自衛策略」？

讓我們跨海看看一個不珍視風險的文化。法國是個強大且富有的國家，若以國內生產毛額（GDP）評估，它是世界第五大經濟體。每年有超過8千萬個旅客到該國一遊，因此，它是世界上最多人去旅遊的國家。

法國的核心優勢之一在於，它是個重視感官的國家。它非常精於掌握、塑造與強化五官感受。它的美酒和美味餐點總是能強力激起人的味覺。它的香水、花園和菜餚，則讓人們的嗅覺感到非常受用。法文平滑的抑揚頓挫，更是媚惑了所有人的耳朵。我們常使用在烹飪、食物和餐廳的許多文字，其實原本都是法文。

從視覺的層面來說，法國也一樣非常迷人。法國之所以特別吸引愛美、穿著體面的優雅人士，不僅因為它有流行的女裝設計和成千上萬家令人流連忘返的商店，熙壤但精緻的法國街道和法國的所有文化，也全是吸引人的要素。各色博物館——尤其是羅浮宮——充滿大量不可思議的典藏藝術品，另外，這個壯麗華貴的國家還有許多迷人的城鎮和田園景色，讓人既渴望又滿足。法國豐富的景觀正是吸引數千萬人前來造訪的重要因素。

以法國這樣一個強調感官文化，而且透過食物、時尚和外國人賺進大量收入的國家，要如何促成國家的創新和成長？它向來採用以其優勢為本的策略，不過，一直以來，為了保護它的語言、文化、政府、及愈來愈不正常的勞動力，法國不遺餘力地建立了各種藩籬，但這些作為已對它的成就造成威脅。

一如其他很多國家，法國在第二次世界大戰時，以第一次世界大戰的教訓為師，但那卻是錯誤的。

二戰前夕，隨著法國與納粹德國之間的戰爭看似已無法避免，法國的將軍們預期雙方的衝突應該會和上一次很類似：只要奮力抵抗，勝利將指日可待，而且，精良的陸軍將能頑抗好幾年，直到外援抵達。法國根據這些教誨，沿著法國和德國的邊界，建立了綿延數百公里的龐大防禦工事，也就像歷史上所謂的「馬其諾防線」。

法國採用防禦策略，它建立了一道難以攻破的牆，挑釁德國人跨越這道防禦的勇氣。雖然德國人看過馬其諾防線後，的確認為法國人所建的防禦工事難以突破，但他們卻隨即決定繞道而行。

德國人決定繞道的原因是，他們也從第一次世界大戰學到一些教誨，只不過，那是和法國全然不同的教誨。他們採取創新的閃電行動，同時轉由比利時來發動攻擊，讓馬其諾防線在這場現代化的戰爭中完全無用武之地。

如今，幸運擁有極豐富文化傳承的法國人，再次嘗試豎立起某種馬其諾防線來保護他們最珍視的資產。遺憾的是，這道新的高牆也不太可能比舊馬其諾高牆更有防禦效果。

首先來看看語言的部分。幾百年來，法文一直是歐洲人的外交語言。由於這個殖民王國的勢力廣佈全球各地，所以，法語的足跡早已抵達世界上的每個角落。即使到今天，法文依舊是全球29個國家的官方語言——世界上多數法語人口住在非洲。

然而，法語的支配地位早就被英語取代，目前，英語已成為商業、科學、音樂、電影和航空交通的全球通用語。以使用語言的人口總數來說，緊接在英文之後的是中文、西班牙語、印度的「烏爾度語」（Hindi-Urdu）及阿拉伯語的各種方言。

法語早已失去它的支配地位，不過，法國人卻還是為了防堵外界對法語的影響而頑固抵抗。早在一六三五年創建的「法國法蘭西學術院」（L'Acade'mie Francaise）是法國語言的官方管理人。國家授權它撰寫官方的法語字典，而即使它的附帶意見不具有法律約束力，但光是這個實體的存在，就已反映出法國人那種凡事採取防禦態度的習慣。舉個例子，二〇一一年時，法蘭西學術院設置了一個專門條列「黑名單」字眼的網站，所謂黑名單字眼，是指已經漸漸影響到一般法語使用方式的字眼。英國《每日電訊報》的一篇報導指出：

> 該實體的字典協會秘書亞格恩斯·歐斯特（Agnes Oster）向《每日電訊報》表示，每個月將有更多英文用語會被加入它的線上黑名單。
>
> 11月將加入的字眼包括以「支持者」（supporter）來代表「支持」（support）（例如一個團隊）的法語通用英文字。它暗示將以「soutenir」（亦代表支持者）或「鼓舞者」（encourager）來取代那個字眼。

它也將敦促法語人口停止使用英語化的最高級字詞，如「top」、「must」、或「hyper」，改用適當的法文用詞如「incomparable」、「tres bien」或「inegalable」。

它也希望斷絕法國人使用「卡司」（casting）這個電影用語的習慣，改以「passer une audition」取代之。

不願改變的法國人將這種種作為視為捍衛文化傳承的舉措。事實上，美國也有非常多人支持以英文為官方語言。不過，這麼做的象徵意義多過一切。如果有任何政府企圖阻止語言的自然演化，一定會引來多數美國人的訕笑，因為語言的演化和生物演化很像，根本是無法避免的。

當然，法國人民（當中有很多忍者）和法國政府（裡面沒有幾個忍者）是不同的。儘管法國政府頑固地堅持它的「保護法語」真言，但更像忍者的商業社會卻早就知道，不彈性一點是行不通的。

隨著中國經濟持續繁榮發展，中國遊客紛紛來到法國，參觀它令人驚豔的景觀。巴黎舉世聞名的羅浮宮附近，座落著知名的法國「拉法葉百貨」。只要花一點時間在附近坐坐，很快就會注意到一輛輛巴士載著中國旅客到此購物。而這家百貨公司為了回應這項需求，雇用了很多會講中文的員工。根據該公司人事單位所言，如今他們四百名業務部門員工裡，有一半會說中文，當然，這都是為了更善加服務目前佔顧客群最大宗的那一群遊客。（美國人排第五，俄羅斯人排第四，歐洲人第三，阿拉伯人第二）。中國遊客平均到店消費金額更高達5千歐元！

其他巴黎的零售商也都忙著掏光中國人口袋裡的現金。我太太最近去了一趟巴黎，她親眼目睹拉法葉百貨附近的路易斯威登（LV）店外驚人的排隊人龍。這家店已經不得不用天鵝絨繩索來管控急著入內採購的人潮，當然，多數顧客是中國人。

這當中的教誨顯而易見：即使是法國企業都懂得順應時勢，只怕政府成為絆腳石。法國應該進行某些重要的變革：

首先，**放棄保護法語的極端作法**。英語已成為語言世界的新龍頭。如果百姓只懂一種語言，法國終將失去遊客及訪客目的地首選的地位。

第二，**停止藉由只對國內電視及廣播節目內容商授權的方式來保護法國文化**。法國一直以來都藉由阻絕國際競爭者、限制外界取得法國電影及音樂的方式來進行自我隔離。這個國家向來獨樹一格地實施一些非常奇怪的法律來保護內容創作者的「著作人格權」（moral right）——這些法律讓一個創作者擁有對自身作品的永久發言權，不管作品本身的所有權誰屬，而且，它的「三振出局」（three strikes）法剝奪了內容消費者應有的權力。這些限制導致很多法國藝術家無法獲得全球知名度，當然也扼殺了有助於提升法國國內電影及音樂產業素質的競爭，也因如此，內容創作產業一直都無法成為法國出口的主力。

第三，**設法調整過時且導致工作機會流失的勞動法**。法國人和歐盟部分國家的人民一樣，都因為缺乏為工作奉獻的態度而受害，從該國法律設定強制最低休假日日數，便可略窺一二。歐盟的法律規定，除了國定假日、歐盟明令規定的週末、休息日和夜班員工的休假以外，每年至少還要有20天的給薪休假。更誇張的是，歐盟甚至在二〇一二年規定，在休假期間生病的勞工有權獲得等量的額外休假日。

不過，法國的規定比歐盟大方更多。根據法律規定，一週的工時為35小時，一週工時超過39小時的人，就可以獲得每年額外十天的給薪休假。但儘管假期和硬性規定的休假福利那麼大方，法國勞工卻還是經常罷工。

我每次到法國幾乎都碰上大型罷工活動，因此我的旅遊計畫總是不可避免遭到干擾。這樣的工作態度最終也會傷害到法國吸引遊客到訪的核心優勢。多數遊客的出、入境時間通常都不可能太有彈性，所以不可能因為當地員工罷工而多停留幾天。氣候因素是可以諒解的，但罷工引發的延誤卻總是令人憤慨。

這種種型態的硬性規定，再加上終生雇用保證及解雇員工成本過高的法律等，已經讓法國成為愈來愈不受青睞的商業投資環境。所以，除非法國改變對雇主的態度，否則，它也許還是個不錯的旅遊點，但卻不是創造工作機會的好地方。

開倒車的網際網路政策

法國人的科技創新能力當然無庸置疑，從「協和號客機」、雷諾汽車便可見一斑，尤其它成功的核子計畫，更是其創新能力的明證。法國的能源產量中，有四分之三以上是透過核電廠取得，而且該國在發展新世代反應爐設計及廢燃料回收等方面的技術，也都居於領先地位。

儘管成就斐然，但整體而言，法國不管是在預測特定技術的未來性，或是發展方向的選擇上，表現卻向來很糟糕（事實上，每個國家都很糟，只不過某些國家嘗試比較多錯誤罷了）。

前法國總統密特朗（Francois Mitterand）政府在一九八二年將唐姆笙（Thomson-Brandt）消費性電子公司國有化。五年後，該公司以大約11億美元現金和其他補償收購一家已逐漸沒落的美國企業──美國無線電公司（RCA）。唐姆笙後來又另外投入10億美元，推動一個轉機計畫。

但它並未因此扭轉不斷虧損的窘境，於是，法國人只好尋求中國的幫助，在二〇〇四年和中國的TCL集團合資成立一家新公司。但才短短三年後，TCL就因歐洲的新營運部門而虧掉了6.8億美元，這促使它終止雙方的合資計畫。最後，唐姆笙只以5千萬美元賣掉美國無線電公司的影音及配件品牌。

遺憾的是，法國政府並未從過去的錯誤學到教訓；二〇一一年5月，「電子八大工業國集團會議」（eG8）在巴黎舉行，當時的法國總統薩科齊竟向在場八百多個科技業最高主管發表一場令人匪夷所思的演講，為什麼匪夷所思？因為他在演說中談到計畫提高政府網際網路參與及控制程度的幾個建議案。

薩科齊一開始是以一些總稱來描述網際網路，像是「新型態的文明」和「第三次全球化」。然而，他接著明確表示他認為應該用更開化的方式來使用這項新文明。他堅稱，為了保護智慧財產權、孩童、隱私權和安全，而且為了避免壟斷，各國政府應該大幅提高對網際網路的管制。另外，他也想把這個扼殺創新的方法推銷給其他國家，所以，他請求在場觀眾支持他。

當時我也參加了這場高峰會，所以我知道在場部分觀眾並不歡迎他的這番言談，他們包括亞馬遜的貝佐斯、谷歌的艾瑞克．施密特（Eric Schmidt）和臉書的馬克．佐克伯（Mark Zuckerburg）。現場有一個來自美國的提問者說，網際網路是「第八大洲」，所以，政府應該遵守〈希波克拉提斯宣言〉（Hippocratic Oath）所立下的典範，「**以不造成傷害為先**」（first do no harm）——這個評論引爆了在場觀眾如雷的掌聲，但也迫使薩科齊不得不重新針對他認為政府必須管制網際網路的理由提出辯護。

坦白說，如果是在一個非民主政權，聽到這種要求建立審查制度的呼聲，一點也不會令人感到意外；但聽到一個民選領袖呼籲世界各地共同管制網際網路，卻令人極端震驚。不過，見到整個美國創新圈子以各種問題、為提問者鼓掌及召開記者會的方式予以回擊，則是更令人動容。

在場的美國人主張為了創新而開放網際網路，而且應該將網際網路視為一股追求自由的力量，這樣的觀點贏得觀眾的青睞。在場觀眾認為，不管薩科齊提出這些建議案的動機為何，都已威脅到過去二十年來促進與造就無數猛烈創新的開放環境。

不管是對美國或全世界來說，老舊政府尋求控制內容並進而緊縮網際網路管制的作法，最後勢必會付出極大的代價。

誠如谷歌的施密特主張，走在科技創新領導尖端的人，絕對有足夠聰明才智能見到潛在的問題，而且，創新本身將比落伍的政府管制者更能有效解決那些潛在問題。美國總統和國會必須領導整個國家及全世界抗拒這些管制網際網路的呼聲。

在薩科齊總統演講結束後的一場專題討論小組會議上，施密特和 eBay 公司執行長約翰．唐納豪（John Donahoe）都認同，政府的任務是要為人民提供上網管道，而不是去管制內容。可惜，並非所有人都認同，時任法國財政部長——後來擔任「國際貨幣基金」（IMF）總裁——的克莉斯汀．拉加德（Christine Lagarde）還是出面為薩科齊的立場辯護，她堅稱缺乏管制將引發「混亂」。

但……過度自信也是一種缺點

我之所以在這個有關「風險」的章節討論法國所採用的經濟方法，原因在於它是採用零風險策略的重點範例。

事實上，一如馬其諾防線，法國人的策略全都不脫「圍堵」——一切只為保有他們既有的事物。但**一個人會採取防禦及圍堵的策略，絕對是因為他對自己的市場競爭能力缺乏信心**。瀕臨滅亡的產業和企業確實很難抗拒這種策略（儘管它是錯誤的），但這卻也是必敗的策略，這麼做的結果，最終將會讓你失去自己努力想要保護的事物。

儘管法國總是讓人流連忘返，但它漸漸有淪為遊客主題樂園的風險，一如目前的義大利，吸引遊客前來造訪的主要原因，就是來參觀它昔日偉大的社會。

不過，並非所有風險都是良性的。例如，因愚蠢冒險而受到的傷害，可能不亞於完全不承擔風險。然而，**忍者型企業只會承擔經過精密算計的風險**。畢竟，因孤注一擲而失敗的企業比比皆是，成功者只是萬中之一。而且，一個人之所以會愚蠢冒險，通常是因為過度自信。一個忍者可能對自己的技巧信心十足，甚至可能有點驕傲。不過，與其相信自己打遍天下無敵手而試圖去對付一整個軍隊，不如選擇暫時逃避、隔日再戰。這兩者完全不同，前者就是典型的愚蠢冒險，而後者就是承擔精算後的風險。

在一個像美國這種獎勵風險且接受失敗的國家，科技創業家幾乎都能受到所有人的讚揚。你絕對不會聽到任何一個民主黨或共和黨人物在《與媒體見面》這類節目上說：「**我們目前的問題就是科技創業家太多**。」

即使是在這個全民經濟冷感的時代，一般人還是承認，創業家承擔風險的熱情，是驅動創新及經濟成長的必要因子。而且，科技創業家也都以承擔風險為榮。

也因如此，想像到真正驅動創業家的要素也是個致命的性格缺陷——也就是一般所謂的過度自信——而非優點時，實在是令人不得不嚴肅以對。

二〇〇三年的一份學術研究報告〈財務隨著樂觀創業家萎縮：理論與證據〉（Financial Contracting with Optimistic Entrepreneurs）提到：

「創辦企業的風險很高，大約有一半的新創企業在成立後四年內關門大吉。因此，創業家看起來似乎是世界級的冒險者。

然而，根據管理領域學者和心理學家的說法，驅動創業家創辦企業的因素並非他們對風險的態度，而是他們對風險的知覺。簡單說，很多創業家過度高估了成功的機率。」

這是芝加哥大學布斯商學院助理教授奧格斯汀．蘭迪爾（Augustin Landier）和聲譽卓著的法國研究組織ENASE成員大衛．塞斯瑪（David Thesmat）等研究人員所做的結論。這份研究使用了大約2萬3千家法國企業的數據，檢視創業樂觀度和它對資本結構及績效的影響。這份研究的目的是要提醒投資人注意多數創業家的心態，不過，我認為它的內容對本章的討論內容也有幫助。

蘭迪爾和塞斯瑪比較了創業家和專業投資人對於「新事業投資能否成功」的信心差異。不用說也知道，這兩個族群對風險的知覺確實差異甚大，當然，大到足以傷害創業家。

驅動創業家創辦企業的因素並非他們對風險的態度，而是他們對風險的知覺。簡單說，很多創業家過度高估了成功的機率。

蘭迪爾和塞斯瑪接著針對創業家進行各詳細的分析，試圖判斷導致創業家過度樂觀的特質是什麼。其中幾個比較煽動性的觀察發現包括：

- **教育程度愈高和職涯經驗愈多的創業家，較傾向於過度樂觀**。因為創業家必須對自己的高風險投資抱持強烈的正面感受，才可能放棄其他地方的大好工作機會，因此，教育程度較高、較有經驗的人比較可能比別人更樂觀。
- **樂觀的創業家不可能很快或輕易放棄他們的夢想**。即使情況清楚顯示，除非順應時勢並放棄某部分的商業計畫，或者縮小事業規模，否則事業不會成功，但樂觀創業家對風險投資的強烈信念，還是有可能導致他們不願意順應早期回饋中所透露的明顯訊號。
- **樂觀的創業家相信金融市場低估了他們的創業概念的潛力**。因此，他們會偏好將自己或家人的資金全數投入，支應創業所需。

由於一些痛苦的經驗（無論是機構或個人）所致，專業投資人深知，投資人和過度樂觀的創辦人之間的上述（及其他）認知差異絕對不可能消失。這也是專業投資人圈子堅信「好技術」多過「好創業家」或「好投資機會」的原因之一。

事實上，專業投資人應該也會秉持另一個信條：**最棒的投資機會——即最能創造優異投資報酬的技術——是不用完全仰賴人類（因為人類不完美，有缺陷）就能成功的技術**。不過，只要企業的成敗關鍵還是取決於經營團隊的技巧（見第二章），那投資人還是會以某種程度的懷疑心態來看待輕率、過度自信並自認擁有「必勝」產品的科技創業家。

上述種種對忍者創新者有什麼意義？首先，這是一個警告：**無論你的夢想和野心有多大，你選擇的畢竟一個極端艱難又變化莫測的人生。空有絕佳的點子並不夠，而且光是勇於承擔風險也不夠。**

一如日本封建時代，忍者的技術是透過多年密集研習與訓練養成，**今日的創新者除了要擁有好產品和「全速前進」的精神以外，還要有其他要素才能成功。**

誠如非常了解風險的二戰名將「巴頓將軍」所言：「願意承擔算計後的風險，但那絕非魯莽。」

肆

備戰

像忍者一樣強大的心理素質

Prepare for Battle

微軟的平板電腦雖配備了走在科技尖端的手寫辨識軟體，但那卻不是消費者想要的。微軟沒有先搞懂消費者想要什麼——消費者要的其實是更小、更時髦且能完整運作的個人電腦，但微軟卻自顧自地憑著一己的猜測向前進，結果，它猜錯了。

「搶頭香」不見得是最好的

科技——尤其是消費性電子產品的科技——非常難以理解。科技的主要目的是要讓人類的生活、工作和文明更有效率運轉，進而讓人類得以加速落實各種點子。諸如行動電話、平板電腦、數位影片記錄器（DVR）和全球定位系統（GPS）漫遊裝置等科技，早已革新了我們的日常生活。

過去原本要花很多時間才能完成的事情，如講電話、等待撥接上網下載郵件、錄製電視節目，或拿著地圖尋找方向等，現在都能在更短的時間內完成。

在一個完美的世界裡，省下的時間應該足以讓我們去從事更有生產力的活動。當然，現實情況卻全然不是如此。很多員工應該都已發現，由於資訊幾乎能即時傳遞和取得，所以，上司或客戶對我們的期望也變高了。也因如此，理當增加的「空閒時間」早已經被更多工作負擔消耗殆盡。

不過，這類討論已經離題，不適合在此討論。

相反的，儘管各種消費性電子產品能即時滿足需求，但每一種消費性電子產品都是花了很久的時間才生產出來。一般來說是好幾年，有些甚至花了幾十年。不管是以發明或大量銷售為重，這些消費性電子產品的忍者創新者（不盡然是同一個人或同一家公司）總要投入幾千個小時到產品行銷計畫和策略上，產品才能順利突破各種障礙，獲得家庭或辦公室的使用。

換言之，這些產品雖能夠即時滿足需求，但產品本身的創作人卻吃足苦頭。因此，忍者創新者必須有耐心、慎重、有紀律，同時最重要的是，充分做好因應敵人的準備，因為在戰場上，敵人肯定會前仆後繼地對這些創新者形成阻力。

我先前提到，發明產品或搶先在市場上推出產品，並非成功的保證。事實上，那常反而是問題的開始。舉第一個推出平板電腦的公司——微軟為例。二〇〇〇年時，比爾．蓋茲個人介紹了一個「平板電腦」的原型，這項產品高度依賴手寫辨識軟體，不過他當時也強調那個產品要兩年後才會就緒。

我們必須記得，當時使用手寫軟體的數位裝置如帕姆公司（Palm）的「個人數位助理」（PDA）已經風靡一時，所以，創作一款能執行各種不同功能的「混合型掌上PC」的想法，似乎是天經地義的事。

發明產品或搶先在市場上推出產品，並非成功的保證。事實上，那常反而是問題的開始。

誠如當年微軟公司的某人對《個人電腦世界》（PC World）雜誌所言：「我們不相信使用者想要另一台類似的裝置。他們想要的是功能類似筆記型電腦的裝置。」一年後，蓋茲對平板電腦的看法甚至更加樂觀：「平板電腦是一種幾乎不受任何限制的個人電腦——我預測它將在五年內成為美國銷售量最好的一種個人電腦。」

接下來幾年，微軟和個人電腦製造商如康柏和聯想合作，試圖創造市場對平板電腦的需求。不過，市場並沒有跟上腳步。因為那時真正在市場上推出的裝置非常貴——高達5百美元，而且由於這些產品聚焦在手寫辨識和日常計畫軟體，所以似乎是比較屬於商用市場的產品。主流消費者並不認為「用電子產品在螢幕上寫字」有什麼特別值得稱許之處，所以，他們選擇繼續選購比微軟平板電腦更能滿足可攜需求和個人運算需要的筆記型電腦。

最後，二○一○年春天時，微軟取消了最新平板型產品「Courier」的開發，原本這款產品將配備雙螢幕，能像一本書那樣開合。但大約就在此時，蘋果公司卻發表了iPad，這不是巧合，而且，它推出第一天就狂銷三百萬台。突然間，好像每個人都瘋狂想得到一台平板電腦。這很令人納悶，到底微軟做錯了什麼？

這個問題得花很多時間才回答得清楚。讓我姑且假定，儘管微軟較早推出產品，但它卻沒搞對方向，因為它的產品沒有配備消費者想要的技術。或者用另一種方式來說，微軟的平板電腦雖配備了走在科技尖端的手寫辨識軟體，但那卻不是消費者想要的。

微軟沒有先搞懂消費者想要什麼——消費者要的其實是更小、更時髦且能完整運作的個人電腦，但微軟卻自顧自地憑著一己的猜測向前進，結果，它猜錯了。

然而，蘋果公司則是一直處於備戰狀態。它在一旁冷眼旁觀著微軟在平板電腦市場裡搶先奮戰，而在這個過程中，微軟所面臨的種種問題，原本可能會促使蘋果判斷介入這個市場是浪費時間；然而，蘋果卻也從該公司 iPhone 的大獲全勝，察覺到消費者真正想要的是什麼。

當微軟創造了一款有點像美化版的 PDA 產品時，蘋果則是決定生產 iPhone 加強版，只不過——它不具備電話功能。

我們可以從上述兩個案例學到非常顯而易見的忍者教誨：**以強迫推銷的方式在市場推出產品，絕對不是個好方法**。若想獲得成功的甜美果實，一個忍者必須透徹了解整體情勢，他必須事先縝密規劃，先了解：

（1）**消費者想要什麼**；

（2）**這項技術能否滿足那個慾望**；

（3）**有時候，要等待前兩個條件滿足後，才能見機行事**。

很多企業就是敗在第三點。因為一般人總會想：我有不錯的點子，而且技術正好又能配合，那幹嘛坐等競爭者先發制人？微軟的平板電腦就是最貼切的例子，對一個忍者創新者來說，「缺乏耐性」可不是個優點。

成功沒有速成又好走的路

科技革新最令人遺憾的後果之一是，**世人不再能理解為什麼要延後滿足慾望，尤其是我們的孩子**。

不久之前，想要扮家家酒的孩子們得靠自己的想像力，一步步去營造一個想像中的世界。但如今你只要插上插頭，就能像俗語說的——進入另一個世界。而且，所有娛樂都唾手可得，最遠不超過電視的距離。

一九六〇年代末期，有一個研究計畫揭露了延後滿足慾望的好處，現在這份研究變得非常有名，它後來被稱為「**史丹佛棉花糖實驗**」。在這個實驗，研究人員給了每個參與實驗的四歲小孩一顆棉花糖，不過，他們告訴孩子，如果等待十五到二十分鐘再吃第一顆棉花糖，就會得到第二顆。追蹤研究發現，當年能延後滿足自身慾望的孩子的大學入學學術評估測驗（SAT）分數，比無法抗拒立刻吃掉棉花糖誘惑的孩子更高。

當年能夠延後滿足慾望的孩子們成年後，也比較可能成為優秀的忍者。延後滿足慾望的能力——也可稱之為耐性——是忍者的成功關鍵之一。和耐性密切相關的另一項特質是：**明智地利用時間仔細蒐集各種和自身及周遭環境有關的資訊的成熟度**。

要想成功，一定要擁有能度過未來種種試煉的鋼鐵意志。你必須能冷靜觀察、研究並分析戰場情勢。

我的另一半是個醫師，所以我透過第一手經驗而體會到，醫師終其一生總是不斷犧牲並延遲滿足自身慾望。他們一生大約有三分之一的時間是花在學習和準備上，包括大學、醫學院、實習、當住院醫師和總醫師，最後漸漸累積足以擔任醫療專家的經驗，同時開始具備獨立作業的能力。他們得投入無數的研究時間、財務投資，並犧牲社交時間，不過，這一切最後終將讓他們獲得回報。醫師和他們所愛的人都非常了解延遲滿足慾望的好處。

我岳父和岳母也全都是醫師，他們當然也比多數人更了解耐心的寶貴。儘管經歷第二次世界大戰、納粹對猶太人的大屠殺，及共產主義的種種折磨，他們最終還是在祖國波蘭取得醫師資格。逃到美國後，他們得從頭學英文，同時在一九六〇年代重新考取醫療執照。他們的工作時間很長，而且生活也過得很平淡。但如今退休後的他們，卻因字以過去的成就和女兒優異的職涯表現（頂尖的視網膜外科醫師）而獲得極大的滿足。

教育自己的孩子延後滿足慾望尤其是個挑戰。為人父母者總是努力想養育出有自信又健康的孩子。我個人認為，要達到這個目標，最好的方式是要求孩子「想獲得，必須先付出」，不管父母本身的財力是否需要孩子去工作。這個想法和一般人那種「和自己的孩子分享成就，並保護孩子生理及心理健康」的本能明顯對比。但是，教導孩子們延後滿足慾望並為自己未來的成就作一點投資，將會讓他們未來更有可能成為忍者。

要成為忍者，**必須經歷非常漫長的練習——練習怎麼延後滿足自己的慾望**。就像要成為跆拳道黑帶高手，必須投資數千小時的嚴格鍛鍊、練習例行招數，同時學習自律。所以，一個成績優良的武術學員一定非常了解延後滿足慾望的意義。

相似的，成功的企業執行長也都經歷過忍耐、犧牲、學習及努力工作的歷程，最後才能得到如今的職位。即使是繼承家庭事業的成功人士也一樣，在創造傑出事業表現前，他們都曾被要求要投資自己。在這個世界上，不是只有專業運動員才能受惠於嚴謹的訓練，不管是藝術家、商人或甚至文官，也都能因嚴格的訓練而獲益良多。

很多企業甚至將「延後滿足慾望」的元素融入它們的品牌及行銷策略，而且成果非常好。蘋果公司就頗精於此道，它堪稱近年來最懂得運用這項技巧的企業典範。該公司發現，利用產品的推出來吊消費者胃口，確實能獲得非常好的成績。

蘋果發表最新 iPonhe 款式的隔天，科技迷就會開始猜測下一個款式將何時推出，將具備哪些特質。很多人都快被這種預期心態逼瘋了（這是我的個人判斷，我是透過每一項產品推出前一天，蘋果專賣店外排隊的人龍判斷的），不過，這樣的心態卻也讓產品的發表會（總有一天會來臨）變得更加轟動。

蘋果確實非常精於此道，不過，這個概念並不是他們發明的。幾十年來，科技業公司都採用類似的策略，它們選擇等到國際消費電子展才發表最新產品和概念。因為他們深知等到消費電子展再發表的好處多多，因為此時全世界的焦點都鎖定這個產業，到時候他們就能大肆炫耀一番。隨著新媒體的崛起，這樣的情況更加明顯，因為這些媒體裡的無數網站和部落格，讓人類對新奇產品和創新更加著迷。

不過，延後滿足慾望這個概念，絕對不僅是指「等待適當時機再推出新產品」這麼簡單，**它的意思並不是要你什麼事都不幹，被動等待適當時機到來；它是要你了解慢慢蒐集資訊、學習、成長、順應時勢，及為下一可能步驟做準備等的重要性**，不管是對個人或專業生涯而言都是。

舉個例子，不要以為蘋果公司只是用等待下一款式產品的漫長時間來吊它的忠實顧客的胃口。該公司和所有其他採用這個策略的公司一樣，都會隨時在留意外界的猜測，同時善加利用這段時間蒐集和顧客慾望及期待有關的資訊。最終當然就能推出一款更能滿足使用者需求的產品！

先前我提到一個和研發高畫質數位電視有關的故事，那個故事正是這個概念的絕佳範例。儘管日本倉促地在市場上推出高畫質數位電視，美國卻選擇慢慢來，我們花了接近二十年蒐集情報、檢討數十個不同個概念，同時分析各方提出的點子，最後才為美國觀眾選出適當的高畫質數位電視。而且到最後關頭，我們還因為一項資訊而回頭慢慢重新規劃與評估原來的路線，只因為這項資訊顯示我們原本的路線可能有問題。

日本人或許是高畫質數位電視的始祖，但美國人推出的產品卻是最棒的。到最後，由於事實證明我們的委員會採用的數位標準較優越，所以日本人也不得不召回他們的類比式高畫質電視（誠如我提到的，歐洲人則是空等過久、未能及早推動特定想法，未能有效利用中間那段等待時間的好例子）。

不要以為蘋果公司只是用等待下一款式產品的漫長時間來吊它的忠實顧客的胃口。該公司和所有其他採用這個策略的公司一樣，都會隨時在留意外界的猜測，同時善加利用這段時間蒐集和顧客慾望及期待有關的資訊。最終當然就能推出一款更能滿足使用者需求的產品！

了解你眼前的形勢

在日本封建時代，第一批忍者的主要任務其實是從事間諜活動。各地軍閥會派遣忍者竭盡所能地蒐集敵人的資訊（情報），以便衡量敵人的優勢及弱點。通俗文化裡的忍者會採用喬裝及滲透技巧來作為暗殺對手的手段。

不過，能證明忍者有執行暗殺行動的證據非常稀少。相對的，研究顯示，忍者培養這些技巧的目的是要蒐集情報。當時的一份紀錄文件上寫著：「關於忍者，據說他們來自伊賀及甲賀，能秘密地在敵人的城堡裡來去自如。他們監視各種被隱藏起來的事物，而且敵人會誤以為他們是朋友。」

無論是古代或現代，忍者都勤於蒐集資訊

因為工作的緣故，我經常得參加很多午餐及晚餐場合，和不太熟悉的人同桌吃飯。我向來把這些場合當作蒐集資訊的管道之一，因為我一直都把「蒐集資訊」當成一個永續的任務。我會要求自己向鄰座的人學習某種東西，並將之視為一種自我挑戰。雖然這有點像是我個人的心理遊戲，但回報卻非常可觀。

在這種場合，幾乎每個人都是某個領域的專家，所以，你經常會碰到精通某種事物（但你正好不太懂）的人。我把挖掘他人知識當作培養自身洞見的策略。對忍者創新者來說，說不定一場輕鬆的交談，就能讓人獲得重要的資訊或得知一個未來機會。

當然，要達到這個目的，必須真的和其他人交談，而此時，你也必須積極聆聽。換言之，交談時，你不能一直想著對方說完話後，自己要接著說什麼，而是要思考對方的發言，並提出攸關重要的後續問題。有一個簡單的方法能確保你積極聆聽，那就是把對方告訴你的話重新說一遍，這會顯得你很投入，而且也能確保自己了解對方的話意。積極聆聽能避免混淆和誤解，同時能讓彼此間的交流變得更有意義。

醫師就必須特別擅長於這一類高深的資訊蒐集技巧。過去的經驗讓我學會如何盡可能和我的醫師分享最多的資訊。醫師是投入很多時間來學習了解人體各種功能（及缺乏功能）的專家，而精於蒐集情報的醫師，將更能判斷哪些資訊是有價值的，哪些又只是病人漫無邊際

的談話。

透過個人的職業生涯，我了解到其他多數專業領域也和醫師一樣。即使你是別人眼中的權威人士，還是應該多傾聽、少說話，理由非常簡單：你可以因此學到更多東西。如果你只顧著說話，就永遠也無法從別人那裡學到東西。「多聽少說」這句格言的確是非常好的建議。

至於在銷售領域，傾聽尤其重要。一般刻板印象中的業務員可能是說話活像機關槍且逢反對意見必反駁的人，但最有效率的業務員卻願意花時間傾聽，願意了解潛在顧客需求、自身面臨什麼挑戰，以及如何針對潛在顧客的個別情況與問題提供解決方案。

工作面試時也一樣。儘管好的面試官是絕佳的傾聽者，但如果面談時，雙方交談的時間比較平衡一點，不只是單向的問與答，應徵者將會在雇主（這是根據我個人的經驗）心目中留下較好的印象。如果應徵者也能設法讓面試官開口說話，那面試官將會對他留下較深刻的印象，因為那會展現出應徵者的好奇心、進取心和某種程度的無畏精神。

舉個例子，美國較優秀的總統（至少就現代而言）全都是非常棒的傾聽者。當他們與人交際時，傾聽的時間總是多過發言的時間（顯然他們很懂得如何應徵一份工作）。絕大多數成功的政治領導人物都是優秀的傾聽者，因為他們不得不如此，否則選民不會感覺到受尊重，也會覺得對方不夠了解自己的問題。

不過，並非所有政治人物都懂得傾聽的藝術。馬上能聯想到的就是以前某個總統候選人，他擁有非常傑出的政治意識，但在交際場合時，他卻好像總是很迫切想證明自己是世界上最聰明的人。每次碰面時，他總是會針對當下的議題發表武斷的談話，而且對自己的表現很滿意，似乎完全不在乎其他人的意見。

另外，某個不愛傾聽的國會議員也好幾次讓我感覺很差，坦白說，他比上述總統候選人更野蠻。我有幾次到國會作證的場合裡，他也都在。他多半都是在和其他人說話、看報紙或使用黑莓機，即便是他負責主持的小組委員會傳喚我去作證時，他的表現也沒有太大不同。他的傲慢全寫在臉上，而且讓我和其他作證者感到很糗。相較之下，同一國會小組委員會的其他所有成員幾乎都會謹慎傾聽兩造對特定議題的證詞。

「**當一個好的傾聽者**」只是成為一個好交談者的第一步。第二步是「**知道要談些什麼**」。伊蓮娜．羅斯福（Eleanor Roosevelt）說得很好：「**大智者討論概念；中智者討論事件；小智者東家長西家短。**」並非所有交談都能討論到概念，當然也不是所有交談都該如此。不過和「概念」有關的交談卻是最具啟發性、最有意義也最有生產力的。這種交談能讓你深入了解對方和他們的想法。

事實上，每一家企業、每一種發明、每一種改良都是從概念開始，而且這些概念很有可能是起始於討論（也許討論兩次就會催生一些概念，但也許討論一百次才有結果）各種概念的交談。概念的討論能催化成長、創造活力，同時在參與者之間建立起一種聯繫力量，所以，經過概念的討論後，所有參與討論者在結束交談並各自離開後，都清楚彼此間有一些重要共識。

事實上，每一家企業、每一種發明、每一種改良都是從概念開始，而且這些概念很有可能是起始於討論各種概念的交談。概念的討論能催化成長、創造活力，同時在參與者之間建立起一種聯繫力量……。

不管是什麼樣的交談，主導者一定都是提問人。不過，不應該用質詢（除非真的是質詢的場合）的態度，禮貌性的提問才較有機會能了解對方的想法，這麼做甚至能誘導出你原本可能無法取得的資訊。身為消費電子協會的總裁，我經常在很多觀眾面前的講台上訪問重要的政府官員和商務人士。我在諸如國際消費電子展等活動的講台上發問的問題，多半和我在晚餐活動裡和其他人交談時提出的問題一樣。

我的方法就是**先問簡單的問題**，等到對方回答後，再進一步提出和較具前景的領域有關的問題。像是：最近業務如何？有沒有什麼問題會害你晚上失眠？你覺得明年此時，你／貴公司的業務會是如何？什麼事會讓你感到悸動？你當時如何展開業務？你是怎麼遇上你的另一半的？你怎麼建議？談談你的家人。你的第一個工作是什麼？你會投資到哪個領域？哪些領域會成長？你會給剛進入貴產業的人什麼建議？你們的企業哲學是什麼？如果對方的答覆不完整，或回答時流露出個人的感覺，那就是進一步提出「為什麼」問題的好機會？為什麼你感到沮喪？為什麼它對你很重要？為什麼你會離開（那個工作、情勢、地點）？

請注意，上述所有問題都無法簡單以「是」或「不是」答覆。要回答這些問題以前，都需要先思考，回答後也需要附帶進一步的解釋，而且，這些問題幾乎全都可以用來問任何一個人，當然，我的問題也不全然是專業層次的問題，我也會問一些和人生經驗及嗜好有關的問題；對專業上的同儕和熟人提出人生經驗或嗜好等問題，讓我學會很多和爬山、釣魚、集郵、狗狗秀及投資有關的很多知識。

和任何一個人之間的一場簡單交談，都讓你有機會能更認識另一個人，學習更多東西，而且擴展自己的知識。謹慎傾聽對方使用的字眼，因為從一個人談話時所使用的字眼，可以了解他的教養、文化背景及價值觀。在美國，從一個人的文法爛不爛，就能知道他的教育程度及教養。老是在談話中使用咒罵字眼的人，多半缺乏自制力、關懷心、文化水準，或以上皆是。另外，我覺得過度使用誇大字眼（其實平實的字眼就已足夠）的人其實缺乏自信，但又很想顯得自己很聰明。

我就是利用這些看似簡單的技巧來學習與成長——**在意料外的地點尋找個人及專業成長機會，也是忍者的特質之一**。儘管忍者總是耐心地延後滿足自身慾望，但他們絕對不是平白空等。他們會用眼睛謹慎觀察，會仔細傾聽並釐清實際情勢，並學習讓自己變得更聰明、更有效率的必要知識。

公共政策面的延遲滿足慾望

儘管忍者是延遲滿足慾望的專家，而且能明智地利用中間那段等待時間，但整體而言，人類社會卻非常厭惡延遲滿足和等待的概念。

我們的社會是一個立即滿足慾望的社會，而且，我不得不坦承，**消費性電子產業的各種創新更局部（至少局部）強化了那個傾向，這些創新包括各式各樣信手拈來的娛樂、隔天免運費的線上購物等**。儘管這類創新也許有利於經濟，但卻對公共政策領域有害，因為會要求立即滿足慾望的消費者，也等於是要求立即滿足慾望的選民，也因為這樣，當前的政策解決方案經常流於目光淺短、治標不治本。看看美國政府的某些相關例子，例如，我們拒絕解決和應享權益（entitlement）有關的種種嚴重問題，因為最佳解決方案無法立即見效。

我最近去了印度一趟，住在新德里熙壤的商業中心的一家豪華酒店。後來，我搭巴士到阿格拉（Agra）去參觀壯麗的「泰姬瑪哈陵」，這個世界奇觀果然沒讓人失望。

只不過，長達四小時的車程卻讓我留下更深刻的印象。僅管道路本身還算良好，但行進過程卻非常費力。動物、過度擁擠的小公車甚至政治性的示威遊行活動，導致前進速度非常緩慢甚至時而停滯。更甚的是，途中盡是連綿不斷的「爛」區域，好像永遠也走不完。在整段路途中，放眼望去盡是極端貧窮的景觀，幾乎沒有例外。到處都是營養不良的兒童，沿路都是垃圾，很少看到有自來水設施，而且空氣因處處可見的兩輪機車而變得非常骯髒，電力設施也是非常罕見。總之，印度的生活非常艱困，對很多人來說，連活下去都是非常大的挑戰。

對印度而言，要到達繁榮的境界，要走的路還很漫長，而且，要達到那個目標，顯然必須仰賴教育和創新。幸好印度也體認到，投資時間和金錢到教育，將能為廣泛的經濟成長及繁榮奠定一個堅實的基礎，所以，該國中央政府也致力於朝那條艱苦的道路前進。

因此，目前印度擁有很多頗受世界各地推崇的大學。有一個印度笑話說，未能擠進印度理工學院（Indian Institute of Technology）神聖大門的學生，最後將在他們的「保證上學校」——麻省理工學院——落腳。這個笑話反映出一個事實：印度人非常依賴教育，他們把教育當成促進經濟成長的一種輸出和策略。

美國也因很多訓練精良的印度人而受益良多，因為他們為了追求更美好生活而移民到美國。儘管愈來愈多印度裔美國人在美國出生，但移民到此的印度人也不在少數。二〇一一年就有超過6萬9千名印度男女取得美國合法的永久居身份，而且，過去十年來，這個趨勢隨著科技熱潮而持續向上。科技創業家及以研究創業趨勢聞名的學者維亞克·瓦德華（Viek Wadhwa）估計，近幾年來，矽谷超過15%的新創科技公司是印度移民所創建。

如今，這些「國產」的印度科技新創企業也已開始威脅到美國的企業。根據瓦德華的說法，印度外包業者能夠「從事精密的研究和開發」，「現在的印度工程師有能力設計飛機引擎、汽車零組件和製造廠房、下一世代的微處理器、電信產品及醫療裝置。根據印度資訊科技貿易集團『印度軟體協會』（NASSCOM）的統計，從一九八〇年到二〇一一年，印度資訊科技業的營收從幾乎零成長到880億美元。」

只要參加任何一個一流的科學班、閱讀任何一本美國醫療期刊，或甚至觀賞「全美拼字比賽」的決賽，就會清楚發現美國確實明顯因印度的教育制度、文化和職業道德而受惠。高教育水準的印度人對印度和美國而言都是一股助力。可惜，儘管有很多高教育水準的印度人移民到美國，但受限於嚴格的美國移民法規，加上印度本身的經濟快速成長且生活成本較低，導致目前移民美國的吸引力降低不少。

儘管印度及其他三個金磚國（巴西、俄羅斯及中國）快速的經濟成長對世界經濟的成長貢獻良多，但近來印度卻開始採取某些違反自由市場的作為，而這可能妨礙它繼續成長茁壯。其中一項是，它正開始朝保護主義靠攏。

二〇一二年時，印度還突發奇想，輕率地考慮實施「政府機關只准採購印度國內製造之電信產品」的規定。儘管這麼做是有可能增加印度製造業的就業機會，也可能提升本地產業的景氣，但那只能產生短期效果，這種限制競爭的作法，最終只會衍生一大堆高價的劣質產品。

此外，長期而言，這種政策將促使其他國家也跟進實施相似的規定，最後將導致各國間的貿易障礙升高。由於印度是一個低成本產品製造商，任何反自由貿易的政策，都會對印度的出口或國內經濟成長不利。幸好該國政府後來並沒有採納那個爛點子。

另外。印度的基礎建設投資也非常匱乏。政府的基本任務之一是要確保潔淨的水和空氣，同時也要鼓勵電力及道路投資。印度向來因資本投資匱乏而受苦，它廣大的幅員／人口及快速的成長，理當是吸引投資的好條件，但它的基礎建設卻每每令投資者卻步。當然，對印度當局來說，要抗拒速成補救措施的誘惑，的確非常難，不過，如果印度能抗拒那些誘惑，繼續耐心且專注地將時間和資源投資到真正有助於實現實質且穩健經濟成長的事務上，最後的收穫將會好很多。

無論如何，印度還是非常重視知識及資訊的價值，而且，它也正努力改變它在別人心目中的「赤貧」歷史印象。美國科技公司非常喜歡用印度人不是沒有原因的，因為他們擁有完成工作所需的必要訓練及教育（這是國家策略促成的）水準。但另一方面，美國的「K-12」（從幼稚園至高中三年級）教育制度卻進一步崩壞。

耐心一定會得到回報

從一九八四年的著名電影《小子難纏》（The Karate Boy，你一定猜到我遲早會提到這部電影吧？）就能體會到耐心、堅忍不拔及延遲滿足慾望，的確能培養出忍者般的戰鬥能力，這是非常棒的例子。

影片裡的主角「丹尼爾」想要藉由學習武術，讓自己免於惡霸的欺凌，而且，他想要馬上學會這些技能。不過，他的老師——睿智的宮城先生——**卻一直拖延對丹尼爾的訓練**。

這部電影裡著名的「打蠟、磨亮」場景，描述了丹尼爾被迫先做一些看似無關的雜務，他也因此對整個訓練等待過程愈來愈不耐煩。不過，那些要求都是有目的的，因為丹尼爾無形中漸漸學會了對他非常有幫助的紀律、尊重和訓練技巧，讓他事後在測試這些技藝時受益良多。

相同的，學會保持耐性的現代忍者創新者也能獲得相同的回報。**保持耐性不僅有助於順利完成手上的專案，也能訓練及磨練你蒐集及分析資訊的技巧，一旦危機來襲，你隨時都能將那些技巧派上用場**。

隨時謹守紀律的忍者在執行危險任務時，感受到的壓力會比較小，出錯的機率也比較低。忍者會利用「停工期」來加強訓練，並蒐集資訊，讓自己養成「偵測環境」與「考量各種可能性」的反射能力。

企業、產業和政府也都應該仔細偵測環境，並隨時做好因應各種破壞力量的準備。看似不重要的決策有可能產生非常大的影響。如果不好好因應，小問題也可能會成為大災難。當你遭到攻擊時，未能迅速回應（而且不知道怎麼回應），將會造成致命的結果。做好萬全準備不僅能改善你的工作績效，也有助於培養良好的性格，並讓成功的果實變得更加甜美。唯有辛苦爭取來的東西，才會讓人珍惜。

乍看之下，耐心、傾聽、資訊蒐集和教育等紀律看起來也許和成功無關，但事實上，將**這些紀律結合起來，才能培養出忍者及忍者創新者的某些關鍵特質。**

企業、產業和政府也都應仔細偵測環境，並隨時做好因應各種破壞力量的準備。看似不重要的決策有可能產生非常大的影響。如果不好好因應，小問題也可能會成為大災難。

伍

戰爭的藝術

向忍者學習靈活應變

The Art of War

多數商業策略要更久以後才能見到成果，過程中也經常會衍生一些讓人不得不果斷迅速處理的意外，而由於情勢並非絕對明朗，因此，不管你怎麼回應，風險都可能會上升。

永無止境的戰爭

二〇一〇年11月時，有人向「酷朋」（Groupn）的創辦人兼執行長安德魯．梅森（Andrew Mason）提出一個收購提議。從二〇〇八年創辦以來，它一直是網際網路上最熱門的網站之一，所以，當時的酷朋真的可謂炙手可熱。

它的商業模型非常簡單：為顧客提供本地或全國性企業的日常團購產品。沒錯，就是這麼簡單。儘管這個點子簡單到荒謬，但梅森卻受到全國性媒體的推崇。他曾經上《富比世》雜誌的封面，上面的標題寫著：「下一個網路奇才」。

就在事事順心的此時，谷歌提議以60億美元收購梅森的公司。我猜你也知道，梅森拒絕了，但從那時開始，他好像開始變得諸事不順。

儘管二〇一一年6月，酷朋以120億美元的評價公開上市，比谷歌開出的價碼高出一倍，但到二〇一二年2月時，酷朋宣布前一年虧了4270萬美元。到了二〇一二年8月，該公司的市值降到只剩30億美元左右，大約只有谷歌當初開價的一半。

我的意思並不是說梅森當初應該接受谷歌的開價，但也不是說他不該接受。酷朋目前雖然還是存在，但它的營運卻因激烈的市場競爭而陷入掙扎，例如，谷歌在梅森拒絕其收購提議後短短幾個月，就宣佈成立自己的「谷歌團購」（Google Offers）。我當然希望酷朋能夠成功，也希望它能順利度過這些艱困時期。不過，酷朋是一個非常典型的案例：**創立初期的**

商業策略確實使公司營運欣欣向榮，但當公司抵達下一境界時，這個策略又明顯不足。

我們可以用另一個方式來看待這件事：忍者在研擬及執行成功的策略時，總會把一句古老的軍事格言奉為圭臬：**沒有任何策略能讓你在與敵人的首度交手時僥倖存活，原因是，即使是最優良的策略**，都無法完整預見到競爭對手的可能作為、對手的進攻速度有多快，以及對方的效率有多高等。

如果你希望自己的團隊能在與敵人首度交手時獲勝，那團隊本身就必須擁有過人天賦和機智：他們必須擁有足夠才能，迅速辨識出我方哪部分的策略很成功、哪部分不怎麼樣，又有哪些是徹底失敗的；另外，他們也必須擁有足夠的機智，進行有效的調整。若能周詳考慮到所有可能發生的策略性情況，就愈能以各種出奇制勝的方式，強力回應競爭對手。

> **即使是最優良的策略，都無法完整預見到競爭對手的可能作為、對手的進攻速度有多快，以及對方的效率有多高等**

談到迅速和出奇制勝，我童年時期用過的一個策略讓我受益良多，其他所有策略都比不上它。念小學時，有一天，我自己一個人走在街上，不巧遇到學校裡的惡霸學生。我不太記得事情的原委，只記得他打了我幾秒鐘後，我馬上回給他一拳，讓他留下黑眼圈。從那天開始，他就一直避著我，今天的我會說，我當時有效殲滅了一個競爭對手。

心理學家說，一般的惡霸就像《綠野仙蹤》裡那頭懦弱的獅子，他們之所以會有那些行為，部分是想要掩飾他們缺乏自信。了解這一點後，你可能會變得非常強大，而且能以各種出乎意料之外的方式，回應所有想為難你的人。

我最喜歡舉的一個例子也是我親身經歷的案例，那一九八〇年代的事。當時德州國會議員傑克．布魯克（Jack Brooks）擔任眾議院司法委員會主席。布魯克主席向來是眾人眼中最難搞的國會議員之一，而他能成為那個權傾一時的委員會的主席，意味他的政治鬥爭手段很高竿，而且絕對是贏多輸少。他濃密的眉毛和鬍鬚，每每讓我聯想到二十世紀中葉一名極其滑稽但性情極又很乖戾的喜劇演員「葛魯喬」馬克斯（"Groucho" Marx），當年幾乎每個人都認識他。

有一次，布魯克堅持要在眾議院快速通過一套將對很多產業的製造商及零售商造成不必要傷害的所謂反托拉斯法。不出所料，他果然拒絕傾聽我們的疑慮，所以，我體認到自己遇到了另一個惡霸，所以，我應該在他還沒搞清楚狀況以前，迅速解除他的殺傷力。

於是，我藉著一次機會，有點莽撞地寄給他和司法委員會21名國會議員每人一個絕對會激怒他們的「禮物」——當時非常有名的葛魯喬塑膠面具，面具上有著極其明顯（絕對一眼就能辨識出來）的鼻子、眼鏡、眉毛和鬍鬚（現在還買得到這種面具）。每個寄出的面具都附上一張說明為何這項法案立意不佳的短信。

回顧當時，我的計謀確實有點莽撞，而且那絕對是個高風險舉動，但這項作為卻隨即激起該委員會成員的反應，其中多數人做了他們該做的事——仔細閱讀布魯克的法案，並認為我們反對這項法案於理有據。

事實上，我接到其中很多成員和他們助理的來電，他們問了一些和這個爭端有關的好問題。而且，布魯克的反應和一般惡霸遇到突如其來的挑戰時的反應一模一樣。

那些葛魯喬．馬克斯面具抵達國會議員辦公室不到一天，布魯克主席就打電話要我去他辦公室。儘管我們那次見面的氣氛不怎麼愉快，但彼此卻也務實地達成一個協議：我同意支持他（修正過）的眾議院法案，但我還是可以在參議院提出反對意見。交換條件是：我們兩人協議，他將讓我支持的另一個法案順利在他的委員會通過。

附帶一提，我和他的協議一度引起消費電子協會部分企業成員的些許不滿，他們派駐在華盛頓特區的代表還試圖針對這個協議翻案，而且還打算解雇我。幸好，那種企業代表幾乎全都欠缺透視真相的能力，當然，他們也未獲得全權作主的授權，所以，我和那個法案最後都安然無恙。

相較於其他某些產業協會，消費電子協會向來努力避免讓有心人士在能主導整個協會的董事會裡安插遊說者，因為我們的所有計畫都是董事會說了算。幸好，在這個高風險的爭端裡，董事會的所有成員全都站在我這一邊，所以，我和這個法案最後全都平安過關。最後董事會還稱讚我在不損及大量利益的情況下順利和布魯克達成協議。

誠如我們董事會的主席喬．克雷頓（目前擔任 DISH 媒體網路公司的總裁兼執行長）所言，我只「被搶走襯衫的袖子」。我們因應立法單位的策略和忍者的策略一樣：迅速、大膽、**目標明確，最後也達到應有的效率**。

過程重於一切

當然，多數商業策略要更久以後才能見到成果，過程中也經常會衍生一些讓人不得不果斷迅速處理的意外，而由於情勢並非絕對明朗，因此，不管你怎麼回應，風險都可能會上升。我個人還有一個可作例證的經驗，那件事和某個美國總統有關，我當時下了個冒險的賭注，幸好最後的結局對他和對我都有利。

事情是這樣的，有一天，我接到一名友人的來電，他是當時擔任白宮軍事事務處處長的大將軍馬克・羅森克（Mark Rosenker），他的職責還包括管理負責「大衛營」（美國總統度假地）、「空軍一號」（美國總統座機）以及維持總統與外界聯繫的高度戒備綜合通訊設施裡的數千名人員。

馬克向我解釋，當時的美國總統小布希隔天將搭乘空軍一號到歐洲，所以，飛機上剛安裝了一台全新的DVD播放器，但卻還沒有準備任何DVD片。顯然他以為身為消費電子協會總裁的我，手邊理當有滿坑滿谷的DVD片。為了讓馬克放心，我說我會立刻解決這個問題。我們本來就有一個供員工交流DVD的圖書館，所以，我有把握能從裡面找一些適合總統職務的電影影片。

不過，我還自作主張，想提供一些能讓總統開心的電影。只是白宮給我的指導原則實在有點天馬行空：暴力還可接受，但不能和「性」有關。所以，我打電話給我們的圖書館管理員，要求她研究和布希總統的電影偏好有關的資訊。她很快就提供了一些建議，接著，我就上亞馬遜輸入他最愛的電影，結果，亞馬遜推薦了更多當時的電影。

接著，我拿這張清單，開車到最近的百思買（Best Buy）去，買了近40片電影光碟。那一天稍晚，我把那一箱謹慎根據布希總統偏好而精選的DVD快遞給馬克。

事情並非到此結束，也因如此，這件事才值得我在這裡贅述。不管是基於什麼原因——也許是白宮官員對我的迅速回應印象深刻，也可能是因為布希總統真的很享受我挑選的電影，誰知道？——我事後很快就接到一通原本絕對會引發更嚴重後果的電話。

白宮的「特殊科技顧問」湯姆．坎貝爾（Tom Campbell）打電話向我解釋，和美國總統的橢圓形辦公室一廳之隔的「羅斯福辦公室」需要一套可供緊急事件發生時使用的視聽設備和會議聯繫設施，他問我是否能協助提供最先進的技術。我立即打電話給二十幾個消費電子協會成員公司的資深高階主管，他們都同意提供必要設備，做為對「國家公園管理局的捐獻，並指定白宮使用。」不過，我們必須在布希總統回德州家裡的那段短暫的時間內，安排所有工人迅速入內安裝好所有東西。最後，他們在總統回白宮前幾分鐘完成所有工作。

短短幾天後就是二〇〇一年的9月11日，美國遭到恐怖份子攻擊。不過，總統擁有所有能讓他掌握各項發展及和世界各地幾乎每個人溝通的必要設備。時機很巧吧？也許是，不過，白宮官員之所有以擁有他們需要的種種工具，部分原因就在於消費電子協會貢獻了它的「迅速回應的突襲戰鬥團隊」。

我講這個故事的原因在於，它具體展現出我從策略規劃過程中學到的幾個重要事項：**儘管「最終」策略非常重要，但這個策略勢必會經過反覆不斷的修訂**。基於這個原因，我認為策略規劃的「過程」更重要，因為如果過程做得對，就能讓團隊做好因應必要修正的準備。正因為我和我的團隊及消費電子協會的成員熟識且共事多年，所以我能仰賴他們在短時間內實現非常棒的成果。

儘管領導電子產業協會的人是我，但消費電子協會的策略性力量，最終卻是來自所有企業成員（尤其是擁有能領導並塑造高效率團隊的優秀執行長的企業）的共同努力。說到這裡，我又想起一個從很多策略層面來說都非常成功的故事。

戰勝機率

美國移民第二代的諾爾．李（Noel Lee）曾是加州勞倫斯利福摩爾國家實驗室（Lawrence Livermore National Laboratory）的專任物理學家之一，不過，他擔任這個職務不久，就對這件單調的工作感到厭煩，所以，他搬到夏威夷去，還加入了一個搖滾樂團。不過，他的發展並不順利，但他也因研究「音源線」而想到一個點子。

於是，他又回到美國本土，並決定成立一家新公司來開創一項全新的電子產品。他很率性地將這家公司命名為「怪獸線材公司」（Monster Cable），而且還為自己取了「**怪獸長**」的頭銜。

在怪獸公司的產品推出以前，一般人都是用一些廉價且沒有品牌的電線來連接音響零組件和視訊設備。諾爾知道消費者根本不知道自己的娛樂設施因廉價的爛電線而變得毫無價值，所以，他一開始就以幾項創新來顛覆這個市場：

首先，他以自己的物理背景和優質原料為基礎，製造了一種能傳遞更清晰的優質影音效果的線材；

第二，他建立了一個能讓產品零售商（比原本無品牌的電線）賺更多錢的商業模型；

第三，諾爾和他的團隊（全都可以二十四小時無休投入工作）投資了大量資源來訓練零售銷售人員，目的是希望他們能讓消費者了解使用怪獸線材的好處。

最後的結果不管是對該公司本身、消費者、公司團隊和零售商而言，全都非常好。事實上，怪獸公司的零售商愛死了諾爾、他的品牌和他的商業魔法——包括每一次在拉斯維加斯國際消費電子展上為零售商舉辦的現場搖滾音樂會。諾爾的成就之一是，他是第一個和著名饒舌歌手「德瑞醫生」（Dr. Dre）合夥推出大型耳機的廠商，當時這項產品在全世界颳起一陣狂潮。

更驚人的是，諾爾後來因為脊髓出了狀況而成為一個傷殘人士，只能靠賽格威（Segway）電動車代步，不過，這樣的遭遇並未阻止他環遊全世界、漫遊世界各大城市，更重要的是，這些大城市多半不像美國多數城市那麼適合傷殘人士遊歷。而且，他還大方贊助一個基金會，為美國退伍軍人提供提供賽格威電動代步車及必要的協助。我要驕傲的說，我第一次見到諾爾時，他對消費電子協會的某些作為不太高興，但後來我們一起解決了他的不滿。現在，他是我們最棒的支持者之一，而且持續為我們提供創新的點子。

不過，我認為這個例子所隱含的是偏向人生策略方面的忍者教誨，而非諾爾為怪獸線材公司想出的具體戰術——儘管這些戰術確實成效良好。

諾爾原本是個物理學家，後來成為一個音樂人，最後又成為一個製造音響設備的商人。當然，一定也有人能複製他的發展途徑，只是，諾爾真正讓人讚嘆的部分在於，**他總是不斷地修正自己的人生策略**。身為移民第二代的諾爾不斷求新求變、不斷學習，而且將可能擊垮弱者的問題——個人傷殘與原本專業上的相對失敗——轉化為各種激勵因子。而當他的策略無法戰勝敵人時，他就會改變計畫。難怪怪獸線材公司到現在還是那麼成功。

了不起的應變者

寫到諾爾的故事時，我突然想到，多數人和企業都無法像他那樣能妥善回應變局、適時調整，並試圖抗拒變局。不過，人生，還有市場，確實是瞬息萬變，所以，不管是個人或企業，的確都必須順應時勢，否則就得承受嚴重的後果。而且，顯然的，**能精準預見轉型的到來，並事先做好因應準備的人，絕對會比事到臨頭才倉促調整方向的人更成功**。

在消費性電子產品領域，這種令人遺憾的差異屢見不鮮。一家公司也許成功推出了一項新技術，但不久後，其他公司也隨即會推出類似的產品，讓前者在消費者眼中的獨特價值不復存在，進而在市場影響力和股東報酬率方面節節敗退，不再是成功的領先者。

我在第四章以平板電腦市場的故事已說明過「隨時備戰」的例子。不過，iPad 推出後的市場發展，卻也非常發人深省，尤其切合本章的主題。

蘋果公司在二〇一〇年 1 月推出 iPad 後，有超過五十家其他公司推出或至少展示過他們自家的平板電腦。這些產品全都在二〇一一年國際消費電子展上現身。在和這場展覽有關的所有訪問裡，都有人以「平板電腦的未來」向我提問。

儘管我強調 iPad「仿製品」的大量推出，是自由市場靈活度的最佳證明，但我也預測，只有少數跟隨者能活下來。歷史證明我的預測是正確的。儘管當初有數十種相關的產品，但目前消費者會選擇的，大約只有其中五到六家製造商的產品。為什麼其他那麼多廠商會失敗？

一家公司也許成功推出了一項新技術，但不久後，其他公司也隨即會推出類似的產品，讓前者在消費者眼中的獨特價值不復存在，進而在市場影響力和股東報酬率方面節節敗退，不再是成功的領先者。

其中一個原因是，**多數競爭者都只鎖定同樣的市場、分析相同的數據、看見相同的趨勢，還有想出相同的答案**。這聽起來很陳腐，不過，卻是不爭的事實——唯有具備特殊眼光，才能精準掌握機會；要有罕見的勇氣，才敢去追求那些目標；而且，還要擁有獨特且技藝高超的團隊才會成功。我記得非常清楚，有一個優秀的執行長在領軍某公司（我不會說出是哪家公司）二十年內，他讓公司的市值增加了四十倍。但他退休十年左右後，該公司的價值卻幾乎沒有成長。

區區一個人有辦法對一家已經非常龐大且多角化的企業產生那麼巨大的影響嗎？答案是：會，不過只有天賦異秉的奇才才有這個能力。

這個企業執行長以很多「註冊商標」而聞名，其中之一就是該公司優質的策略規劃。他和多數企業高階主管不同，他深知如果今天不設法改善工作成果，就沒有理由展望未來。他的流程能迫使員工做出最及時的決策——哪些新點子要繼續完成、哪些舊點子要放棄，還有哪些專案還不需要進行大幅度調整等。而且，這種策略性思考模式已經成為該公司的固定流程，不只是一年一次的「大拜拜」。

堪稱世界最上最偉大的策略管理顧問——已故的彼得．杜拉克（Peter Drucker）——為企業執行長們留下一個最基本的觀念：「**企業存在的唯一有效目的是：創造顧客**。而因為企業存在的目的是要創造顧客，所以企業有兩個——且是唯二的——基本功能：行銷和創新。只有行銷和創新才能創造成果；其他全都是『成本』。」

進一步來說，**想創造顧客，就必須能為顧客提供他們無法在別處取得的某種價值**。這就是競爭優勢的核心意義，也是企業策略的精髓。我會定期思考這一點的意義，然而，我認為，很少企業能找到不斷創造競爭優勢的方法，其中一個最明顯的例子是：亞馬遜。

用最基礎的東西來發光發熱

在iPad的競爭者當中，目前表現最優異的似乎是亞馬遜的「Kindle Fire」，我對此一點也不驚訝。

誠如我在第二章提到的，傑夫．貝佐斯是少數極端成功的創業家之一，他一九九四年才在一個車庫裡開創這家公司。不過，他的事蹟還多著呢！他滿腔熱誠，企圖破壞幾個一成不變的產業、他的名字獲得450萬次的谷歌搜尋，而他一手創辦的公司在短短不到二十年的時間內，年度營收從零激增到480億美元。

不過，真正讓我感到震撼的是，從傑夫身上，我看到了忍者的部分個人特質。首先，傑夫不譁眾取寵，但他總是散發出一種堪稱堅毅的沈默強度。這些特質再配合他「**不要試著判斷應該將熱情投注在什麼領域，而是應該讓你內在的熱情引導你走向適當的領域**」的主張，讓競爭者打從心裡極度畏懼他的存在；所以，他似乎真的擁有戰士的靈魂。儘管他曾告訴股東「一切著眼於長期發展」，但他在短期戰役方面也多半能獲得優異的戰績。

不過，我認為他可作為忍者的例子，還有一個更根本的理由：他總是要求**把基礎工作做好的熱情**，他說：

「首先，**我們以顧客為起點，再開始往回做**：學習所有為服務顧客所需的必要技巧。發展為服務顧客所需的必要技術。第二，**我們是發明家**，所以，我們絕對不會聚焦在『**和別人一樣**』的領域…接著，第三，**我們樂意以長期為導向**，我認為這是最罕見的特徵。放眼企業界，很少人真正聚焦於長期發展。

企業擴展原有業務的方法有兩種。其一，可以利用既有的技術和職能，探究可以繼續利用這套技術和職能發展些什麼其他東西。沒錯，這是所有企業都應該使用的實用技巧。不過，還有第二個方法，**這是更長期導向的方法…推測目標顧客是誰？他們需要什麼？**接著，不管目前有無技術能滿足那些需求，都打定主意朝那個目標前進，換言之，不管花費多久的時間，都要學會那些技術，Kindle就是第二種方法的貼切實例。」

> ……因為企業存在的目的是要創造顧客，所以企業有兩個──且是唯二的──基本功能：行銷和創新。只有行銷和創新才能創造成果；其他全都是「成本」。

傑夫就是那些極端罕見的企業執行長之一，他很清楚自己擁有哪些顧客，更知道接下來要爭取到哪些顧客。事實上，根據傑夫的說法，亞馬遜在書籍市場以外的爆炸式成長，就是受它的早期顧客所驅動：「我們的確開始收到顧客要求我們銷售音樂的電子郵件──那些顧客表示希望用這種方式購買音樂產品，還有視訊光碟及電子產品。」

很多人都盛讚傑夫才華洋溢，不僅是因為他天生才智過人，也因為他領導亞馬遜突破非常多的技術瓶頸，即便遭逢二〇〇〇年網路泡沫破滅那種艱困時期，該公司依舊欣欣向榮。我認為，他的秘密之一在於他樂於挑戰現狀，而且願意在必要時改變策略。

在亞馬遜剛成立的那幾年，它的營運成果可謂惡名昭彰，每一年都虧本。然而，貝佐斯不知道使了什麼魔法，說服整個華爾街緊緊跟隨他。當年，他更莽撞地挑戰諸如「邦諾」（Barnes & Noble）和「博德」（Borders）等圖書產業老大哥，並獲得勝利（邦諾後來順應時勢，開始經營網路業務，但博德沒有跟進，最後就此消失）。目前亞馬遜又開始挑戰其他大型企業──最大的是百思買──因為它不甘於只當一個書籍銷售商。不管你想買什麼，亞馬遜上幾乎都有賣。

電子商務正急速成長，而且這個媒介佔零售市場的百分比也逐年上升，沒有一年例外，貝佐斯正是締造這波爆發成長潮的功臣之一，從這一點便可證明他的確擁有了不起的忍者技藝——**在投入每個新任務前，先順應時勢地調整原有的策略**。

也許有一天亞馬遜終會遭遇到它無法克服的敵人，不過，到目前為止，那一天還沒到。

美國的州際創新戰爭

偉大的十九世紀軍事策略家克勞塞維茲曾說過一句名言：「戰爭是政治的延續，只是手段不同罷了。」我想要以「政治對忍者創新的衝擊」來作為這一個有關戰爭藝術的章節的結論。

誠如我們從當前這個漫長的經濟危機裡學到的痛苦教誨，我們不僅需要明智的國家級政策，也需要明智的州級政策。因為消費電子協會所在地——維吉尼亞州——的政策實施成果極端優異，親眼見證這樣的成就後，我當然對這一點的感受特別強烈。

美國聯邦主義制度的優點之一是各州多半能自由頒佈該州的經濟政策。這個作法在某些州確實很管用，像是佛蒙特州，但在奧瑞岡州就不盡然很成功。不過，這個制度還有一個附加價值——它促使各州競相爭取企業進駐。某些州贏了這場戰爭，但某些卻漸漸成為輸家。

對多數居民來說，維吉尼亞堪稱最棒的居住地，因為當地有著融合現代及象徵性歷史的迷人文化。不過，若更深入檢視，維吉尼亞人特別幸運的另一個原因在於，這個州擁有特別有效率的兩黨政治制度，相信多數人應該也會認同我的觀點。這個制度孕育了絕佳的商業環境，當然，也使它成為非常吸引人的雇用環境，這對走在技術創新最前端的企業（如消費電子協會的會員）尤其重要。

事實上，我相信對美國人最重視的各個層面來說，維吉尼亞的「品牌」就代表最優等的品質。透過兩黨政治的共識、低稅率、高科技政府服務、禁止企業只僱用工會會員的勞工就業權保障法、優秀的大學以及技術精良的人口，維吉尼亞為企業界提供非常大的支援，當然也吸引非常多企業進駐，這讓該地失業率一直遠低於國家平均水準，而且，維吉尼亞州目前的就業人數在五十州裡排名第九（二〇一二年5月份數據）。

過去五年間，維吉尼亞州三度被CNBC評選為最適合經商的州，包括諾斯洛普葛魯門公司（Northrop Grumman）和希爾頓全球（Hilton Worldwide）等大型美國企業都明智地從曾紅極一時的黃金州——加州——搬遷到維吉尼亞州。

幾十年來，維吉尼亞州透過兩黨政治制度來推動有利於企業發展的策略，此舉確實也讓它獲得相當可觀的利益。有關網路商務促進法的擬定，維吉尼亞州本來就領先世界各國。另外，它也通過很多創新法律來鼓勵一般人為維吉尼亞的新企業提供資金，甚至利用各種稅法來支持雲端運算和資料雲端主機服務中心的發展。根據估計，世界上大約有一半的網路流量會經過維吉尼亞州。

因為維吉尼亞獨特的州憲法，這個策略才得以生成並順利執行。最值得一提的是，維吉尼亞州的州憲法對州長設限，但卻也充分授權。維吉尼亞是美國唯一禁止州長連任的州。儘管我們的歷任州長難免對這個限制忿恨難消，但這個限制卻也鼓勵在位者以果斷的領導方式來經營任內四年的成績，一切皆以對維吉尼亞州長期體質為基本考量，換言之，他們不會為了爭取連任而擬定不適當的政策。

也因如此，維吉尼亞有好幾位明星級的州長，包括共和黨籍和民主黨籍，而且其中有好幾個人還進一步邁向全國性層級。

事實上，如果比較美國各州迄今仍健在的歷任州長人數，維吉尼亞州的人數比其他所有州都還要多，但如果把伊利諾州已鋃鐺入獄的前任州長也算進來，維吉尼亞州算是略遜一籌；只不過，維吉尼亞州的前州長全都未曾爆發任何醜聞。最著名的幾個前州長包括美國第一位民選黑人州長道格拉斯．維爾德、美國參議員喬治．亞倫和馬克．華納，還有前國家級政黨領導人物提姆．凱恩、吉姆、基爾摩和二〇〇九年至二〇一三年的州長包伯．麥當尼爾。他們全都讓維吉尼亞州變得更加強盛，顯然這並不是因為維吉尼亞的運氣特別好。

沒有既定贏家，而是以開放鼓勵更多贏家

我開始寫這本書後不久，曾到德州的聖安東尼奧市去參加一場重要的科技會議，並在那裡發表一場演講。在場有一名記者問我，聖安東尼奧的領導班子應該採取什麼作為，才能將這個城市提升為科技中心。我說：「很簡單，」他們可以採行前維吉尼亞州州長吉爾．基爾摩所立下的典範，因為他將維吉尼亞州科技產業的發展列為他一九九八年至二〇〇二年任內最優先的任務。

具體來說，基爾摩州長建立了美國第一個州級的科技處長，建立了涵蓋整個州的科技委員會，同時實施了第一個網路管理政策，**這個政策基本上就是不要干預**。

所以，目前的維吉尼亞州已成為眾人眼中的科技發祥地，這多半是拜基爾摩州長的遠見所賜。聖安東尼奧應該推行類似的策略，換言之，**地方政府必須支持企業和創新者。但這並不代表我們應該推行中央計畫式政策，以集權的方式來選擇贏家和輸家，而是要聚焦在能吸引投資以及讓創新者充分獲得必要自由和資源的面向。**

事實證明一切，我認為每個州、城市、城鎮和社區都應該採納這個建議。另外同樣重要的一點是，在基爾摩州長一九九八年至二〇〇二年的任期裡，他實施了各種強化維吉尼亞州實力的多元政策。其中最具經濟意義的政策包括大幅調降汽車稅、降低教育單位以外的州政府機關支出，以及協助提升學生的州及國家考試成績的教育改革，同時增加維吉尼亞州以黑人學生為主的兩所大學的資金。

另外，儘管美國在二〇〇一年陷入全國性的衰退，但基爾摩卸任時，卻還為這個州的不時之需留下了10億美元的基金。基爾摩州長的其他特質包括：他是維吉尼亞州州立大學大學部法學院畢業，而且是美國陸軍的退伍軍人（儘管他不是個忍者，但卻在越戰期間擔任反間諜特務）。

我認為，維吉尼亞州的經營成果絕對無庸置疑，其中，讓稅率得以維持低檔的高運作效率，以及州長在特定範圍內重新分配預算款（無須重新修法）的權限等，都是它的得意之舉。維吉尼亞州在信守美國憲法第一修正案之餘，允許無限大的選舉獻金，不過針對這類獻金擬定了非常嚴謹的揭露規定，它在這方面的作法足為典範。

維吉尼亞州還有一個專門訓練未來潛力政治領導人的基地：維吉尼亞大學的索利森學院（Sorensen Institute）。還有，談到維吉尼亞大學，該州的兩個政黨也將建立世界級高等教育機構列為他們的使命之一，近年來，維吉尼亞大學、維吉尼亞維吉尼亞理工暨州立大學、喬治梅森大學和威廉與瑪麗學院等公立學校的全國優良大學排名都持續攀升，尤其正值加州各大學排名因加州稅法及支出失控而面臨威脅之際（我將在稍後的章節討論加州），維吉尼亞州各院校異軍突起的機會似乎更高了。

從基爾摩的任期開始，維吉尼亞州在創新戰爭藝術的施展上，就一直堪稱各級政府的典範。維吉尼亞州深知必須和其他州競逐企業的青睞，眼見那麼多州屈服於愚蠢的反企業政策，它馬上就看見一個可以獲得輝煌成就的契機。它採行明智且目標明確的策略，**自我改造**

為一個科技州。那個戰術非常成功，而且，我相信維吉尼亞州的議員們將繼續擘畫更盡善盡美的藍圖，以因應未來可能出現的任何障礙。

看來，維吉尼亞州是現代版忍者——美國海軍「海豹部隊」的故鄉之一（另一個是加州的科羅拉多），這當然也絕非巧合。

陸

特別守則

商場忍者不做的事

The Ninja Code

自我欺騙是所有企業或組織的通病。尤其如果一個組織的文化常因沒有人願意當「烏鴉」而放任明顯的錯誤發生，它自我欺騙的傾向就愈高。

誠實又快樂的武士

日本封建時代的忍者並非我們所形容的正直武士。最初出現在歷史紀錄上的忍者，是地區宗族的「私人密探」，尤其是伊賀和甲賀地區的宗族。長時間下來，由於他們的技藝和效益有口皆碑，所以，忍者遂漸漸演變成一種「專業級的佣兵」。他們成立自己的團體，維護自己的階級制度，同時為了爭取各地軍閥的「業務」而彼此競爭。

當然，佣兵不能為了對／錯或好／壞等問題而感到矛盾。畢竟，這樣的矛盾掙扎會不利於業務的開發。如果邪惡的軍閥想雇用你幫他推翻開明的君主，你也只能勇往直前，還得慶幸自己找到工作。你完全沒有質疑雇主的價值觀的餘地，也不能評斷他一手挑起戰爭的作法是否符合公理正義。

忍者也不會在乎自己是否用公平的方式戰鬥，就這一點而言，忍者和他們的「武士」同志不一樣。事實上，忍者會不斷對別人灌輸「**忍者不會用公平方式戰鬥**」的恐懼心理，這個良好的基礎讓他們的一身專長更添威力。日本封建時代的傳統戰爭手法和交戰規則，正是讓忍者擁有神秘感和力量的根源：如果這些標準不存在，忍者就會喪失他們的競爭優勢。

不過，即使是忍者，都有一套屬於自己的行為守則。事實上，他們的業務端賴這項守則來維持。**身為高度專業化的專家，忍者顯然必須嚴守紀律。他們必須投入密集的研習和訓練，才能磨練出高超的技藝**，另外，他們也必須精通我所知道的各種武術，而要成為這些武術的專家，必須對它許下一生的承諾，致力於武術的研習。只有最嚴肅以對的人，才有希望達到那種專業水準。當然，對團體的領導人來說，要求下屬全心投入技藝的磨練，同時恪遵個人行為準則，絕對是有利的，因為這樣能培養出更好的忍者，當然也代表領導人能爭取到更多的業務。

所以說，忍者的道德觀非常獨特：領導人及「雇主」期望他打破所有傳統戰爭的成規，一切以達成任務為目標，但他們又期望他能遵守一套專業的倫理規範。當然，今日的忍者創新者也應該抱持相同的價值觀，不過，其中有些許次要的例外。**打破成規並不代表違背法律，當然，也不代表現代忍者應該表現得像個不在乎是非對錯的佣兵**。總之，最重要的是，現代忍者應該當一個秉持道德行為的模範生。

值得一提的是，道德行為不盡然等於合法行為。對美國的「證券交易委員會」扯謊是違法的，但對自己的配偶說謊卻不違法。相同的，一個遵守所有法律的企業執行長或創業家，並不盡然絕對是個有道德的商人。近年來最著名的例子，就是應該為二〇〇八年房地產市場崩盤負起連帶責任的不道德金融業高階主管（還有政府官員及政客）。

> 對團體的領導人來說，要求下屬全心投入技藝的磨練，同時恪遵個人行為準則，絕對是有利的，因為這樣能培養出更好的忍者，當然也代表領導人能爭取到更多的業務。

誠如很多左派人士所指，到目前為止，華爾街沒有人因為這場金融危機而鋃鐺入獄。原因很簡單，因為他們沒有違法。不過，那並不代表和房地產市場崩盤密切相關的企業高階主管的行為符合道德標準。

不管是房地產市場崩盤或其他不良企業行為，很多人認為「貪婪」是導致外表看似善良的人從事不道德行為的罪惡驅動力。不過，我認為光是貪婪無法成事。貪婪只是其中一種激發因素，其他誘發因素還包括：供養家人的壓力、爭奪權力、改變世界及幫助他人的理想等。我發現，了解別人的動機非常有幫助，因為每個人的動機都不同。我對一心想賺錢的人沒有意見，因為致富本身並不邪惡。

然而，如果是透過不誠實的手段來致富，那就落入不道德的範疇。**能在成功的同時依舊保有誠實的心，才是貨真價實的忍者創新者**。這些話聽起來可能像老生常談，但徹底誠實的人卻很罕見，尤其是面對自己時，而且不管大小事皆然。

以小事來說，我們在談論自己的身高、體重時常會自己欺騙自己，而且也不願意承認自己隨著年齡的增長而愈來愈容易脆弱的事實。另外，我們也許寧可漠視自己工作或專業關係上所遇到的挑戰，而不願正面去解決。**對自己誠實是成為忍者的起點，不過，也是個艱難的起點**。

要做到對自己誠實，首先要先從情緒智商做起。這是一個花俏的用語，其實，說穿了就是以公平且坦承的態度，客觀看待自己各種行為背後的動機。如果你能這樣觀察自己，並說明為何自己會有某種回應方式，那你就已經朝「真正對自己誠實」的目標跨進了一大步。對自己誠實的反面就是自我欺騙。在解釋自己不道德的行為時，我們會欺騙自己，而且會很天真地輕信自己的謊言。

企業也一樣。**自我欺騙是所有企業或組織的通病。尤其如果一個組織的文化常因沒有人願意當「烏鴉」而放任明顯的錯誤發生，它自我欺騙的傾向就愈高。**

十幾年前，我曾到一家日本大型電子公司的總部拜訪，和對方討論電視機和V-chip相關的問題。到那家公司時，它的高階主管團隊想了解我怎麼看待他們大手筆投資「可錄寫式光碟」硬體技術的決策。我當時對公司團隊一致同意那個投資決策的現象感到震驚。他們全都對這項投資非常著迷。任何一個貨真價實的忍者企業主管都知道，當眾人對一個決策——遑論一個大型投資案——抱持過度樂觀且徹底一致的看法，絕對是個警訊。

我就這項投資能否引起消費者興趣以及相關的市場規模表達了我的疑慮，但他們卻好像把我當成外星人（其實我只是個外國人）。我想，如果我說後來的發展證明我是對的，你也不會感到意外。

最近我又和這家企業的一名美籍高階主管討論到當年那個令人傷感的情節時，他承認當初日本人確實是興奮過頭了。他向我坦承，該公司因受「**集體思考**」之害而虧掉了幾十億美元。所謂集體思考就是不允許反對他人——尤其是上司——意見的文化。其實，集體思考就是自我欺騙。

當問題沒有攤開來

不過，關於這個現象，有一個較臨床的用語叫：「艾比林矛盾」（Abilene paradox）。那是管理學專家傑瑞．哈維（Jerry B. Harry）在一九七四年的《組織動態》（Organizational Dynamics）雜誌的某篇文章裡創造的用語。所謂艾比林矛盾是指一群人共同做出一個違反所有參與者願望的行動方針。哈維用一個趣聞來闡述這個觀點：

有一家人到德州的科爾曼旅遊，某個炎熱的午後，他們安逸地在走廊上玩骨牌。後來，岳父建議到北方53英里遠的艾比林吃晚餐。

太太回答：「這個點子聽起來很棒。」結果，認為車程太遠、天氣又太炎熱的丈夫雖對這個建議有所保留，但又覺得最好不要掃大家的興，所以，他說：「我覺得還不錯，不過，希望你媽媽也想去。」接著，丈母娘說：「我當然想去。我很久沒去艾比林了。」

整段車程既炎熱又漫長，而且沿途沙塵瀰漫，很不舒服。當他們終於抵達那家自助餐廳，又發現那裡的食物和整段車程一樣糟糕。四個小時後，他們終於拖著疲憊至極的身軀回到家裡。

其中一個人不誠實地說：「出去走走真棒，對吧？」結果，丈母娘卻說她寧可待在家裡，只不過，看到其他三個人都那麼有興致，所以才會跟著去。於是，丈夫說道：「我本來就不想做這件事，一切都是為了不讓你們失望。」太太說：「我也是為了取悅你才去啊，瘋子才會在那麼熱的天氣外出呢！」接著，岳父說他是覺得其他人可能覺得無聊，才會提議去那裡吃晚餐。

這群人坐了下來，對大家的決定感到困惑，因為雖然眾人集體同意出去走走，但其實沒有一個人真的想這麼做。每個人其實都寧願舒適地待在家裡，但卻沒有一個人承認，結果平白失去那一段悠閒的午後時光。

不管是在個人或專業生活裡，我們全都曾經歷過類似的情境。如果只是開車到艾比林吃個晚餐，倒也是無傷大雅。不過如果一個企業犯下類似的錯誤，可能會造成很嚴重，甚至致命的自我傷害。為了避免陷入艾比林矛盾，企業不僅要擁有願意大聲反駁爛點子的員工，也需要一個願意傾聽員工意見的高階主管團隊。

我接下來將會敘述一個故事，儘管當代最偉大的忍者創新者之一可能不怎麼喜歡這個故事，但它卻非常發人深省……。

我給比爾蓋茲的錯誤讚美

約莫二十年前，微軟的比爾．蓋茲在一場國際消費電子展上擔任重要演說者。蓋茲在預演那場演說時，我是大廳裡唯一的非微軟員工。聽到蓋茲的練習後，我認為有幾個建議能讓這段簡報變得更棒。我假設自己的意見會受到重視，所以大方和幾個微軟人分享了我的意見。不過，聽過我的說法後，他們緊張地看著我，建議我直接找蓋茲談——那有什麼問題。

當時蓋茲和幾個重要幹部在一個房間裡，我進去後告訴他，我對他的簡報有幾點改善建議。身為一個成功的企業執行長，他隨即認同中立的意見是有價值的，所以，他聽取了我的建議，最後接受了其中幾個，但不是照單全收。其實那樣已經不錯了，我理當就此放手的。

我理當就此結束和他的談話的，但我沒有，我脫口說出他即將在展場上介紹的那個產品，將是微軟有史以來最值得注意的產品之一。我說，我對這項產品印象深刻，同時很高興他選擇在國際消費電子展上推出這項產品。

一直到隔天，我才知道原來這個產品是微軟一個特殊員工一手催生出來的，那個員工是蓋茲當時的女朋友米蘭達（Melinda，後來他們兩人結婚了）。了解到這一點後，我猜測當時微軟的高階主管們應該陷入了一個微妙的內部情境，他們可能不願意就這項產品或產品的推出方式給予蓋茲任何真心的回饋或意見。

這項產品原本是以「**包伯**」（Bob）的名稱推出，不過，後來它成為眾所周知（有點嘲弄意味）的「**跳舞迴紋針**」（Dancing Paper Clip）——還記得嗎？我猜你一定馬上就知道我指的是哪一項產品。這項產品的目的原本是要教導用戶如何使用視窗的產品和功能，但很多用戶卻覺得它會讓人分心，很煩。更糟的是，你很難甩掉它，因為它總是在最惱人的時刻跳出來。後來，它很快就成為深夜電視節目裡的笑話梗，而且再也沒有出現在微軟的任何產品上。

這對我來說是個很尷尬的教訓。首先，儘管我對於「如何發表一場有效的簡報」的建議很有幫助（即使是對像蓋茲這樣的簡報大師而言），但我對這項軟體產品的見解卻完全失準。第二，**就算你很成功，也要注意自己的最高領導階層是否無法誠實和你討論某些議題**。以上述案例來說，創辦人和那名女員工之間的關係，可能讓人不敢貿然評論那項產品的優劣。第三，**即使是成功如微軟，都會犯錯**——而且會是令人尷尬的失敗。不過，真正重要的是，我們應該從這些錯誤中記取教訓，並繼續冒險前進。

以整個美國來說，我們目前也陷入一個集體的艾比林矛盾。當我在寫這本書時，整個美國政府還是拒絕承認它正面臨龐大的財務問題。民主黨和共和黨人甚至連我們有哪些具體的財務問題都無法達成一致的意見，儘管財務問題的各種事實明明就擺在眼前。

我和「無標籤組織」（nolabesl.org）合作多年，該組織早已提出很多種常識型的解決方案，鼓勵政府加強溝通並誠實面對問題。其中一個具體的建議是，總統和兩黨國會領袖每年都應該共同簽訂一份財務現狀聲明，這樣至少能確保彼此的政策討論能有一個共同的基礎。就釐清真相而言，以前記者圈和媒體向來是比較中立的仲裁者，但悲哀的是，眼前的情況早已今非昔比，如今我們的新聞圈已經和政治圈一樣，呈現明顯的黨派分野，雙方各自偏好能迎合其見解的網路及途徑。

要像忍者領導人一樣有效率，必須建立一種「**對自家團隊誠實**」的文化。如果一個任務實際上會讓很多團隊成員一去不回，那領導人就不能讓團隊成員誤以為這個任務是可以輕鬆達陣的。即使領導人不得不傳遞壞消息，但只要能誠實以對，向來都會獲得回報，因為團隊的忠誠度和績效都會因此提升。相同的，如果一個領導人對團隊誠實，這個團隊當然也就比較可能誠實面對領導人。

我向整個消費電子產業協會的組織內傳達「誠實者永遠不會遭受懲罰」的訊息，並試圖給予誠實者適當的回報。

我要求團隊成員對我誠實回報所有事項，就算是壞消息。最近我在發表一場演講後，要求一個新員工針對我個人的簡報提出一份改善建議。她的答覆是，我大致上表現很好，不過，簡報到特定環節時，我顯得不是很自在，有點退縮。她說的一點也沒錯，也因如此，她在我心目中的評價上升了。我非常感謝她的慷慨，因為我當時真的很需要坦率的回饋。稱讚別人很容易，但告訴對方哪裡需要改進，卻比較困難，而這卻比稱讚更重要。

誠實是忍者的美德。不過，一如很多美德，不管是在個人及專業情境下，都必須落實這些美德。當一個人、一家企業或一個國家對自身誠實——坦然面對事實，而非選擇相信令人釋懷的謊言——就等於是幫自己鋪設了一條通往成功的康莊大道。

> 如果一個任務實際上會讓很多團隊成員一去不回，那領導人就不能讓團隊成員誤以為這個任務是可以輕鬆達陣的。即使領導人不得不傳遞壞消息，但只要能誠實以對，向來都會獲得回報，因為團隊的忠誠度和績效都會因此提升。

勝利不是唯一

有一個著名的運動座右銘說：「勝利不代表一切，但卻是唯一。」沒有人知道這句話的出處，不過，大家都知道，著名的美式職業足球教練文斯．倫巴迪（Vince Lombardi）經常說這句話。運動員們全都把它當成座右銘，畢竟每場比賽裡只有輸家和贏家。將這句座右銘應用到其他冒險活動的成就上，當然一樣說得通，不過，有一點例外。

沒有任何一個忍者創新者能每戰皆捷。事實上，誠如我先前在本書暗示的，我們輸的機率比贏還高一點，這包括企業的失敗，還有個人的失敗，像是沒有爭取到某個工作機會、失去某個工作機會，或是沒有爭取到某個客戶等。在這些例子裡，勝利當然不僅是唯一目標。就很多方面來說，你在競賽後的行為或表現，才是更重要的。

就我個人而言，當我的同儕陷入低潮，我會盡可能向他們伸出援手。如果他們丟掉工作，我會打電話致意。如果有人被負面的媒體報導困擾，我會問他們需要什麼協助。我會盡一己之力，盡可能幫助真正陷入低潮並遭到眾人背棄的人。聲勢如日中天的人不需要幫忙，唯有陷入低潮的人才會感激外界的協助。

貨真價實的忍者創新者看的是長遠的未來。你可以在某些人陷入低潮時，真誠地和他們建立人情關係——就算你和對方的個人商業或政治立場不同也無所謂，因為長遠以後，那個人情將會讓你和對方的關係變得更加密切且有建設性。

主動選擇要贏或輸，也可能是一種有效的策略。**有時候，讓別人獲得短期的勝利是有道理的**。

有種常見的策略之一是放手讓競爭者先進入市場，換言之，讓對方先投資，然後再從他們的錯誤中記取教誨。讓其他企業先在市場上推出新產品，接著，謹慎觀察並從競爭者的錯中學習，事後再推出一個（通常）較物美價廉的競爭產品。

忍者不選擇贏過對手的另一種情境是，他們聚焦的是長遠的勝利，換言之，他們要的不是近利。為了建立競爭對手的信心而暫時讓對方贏是有道理的：事實上，過度自信的競爭者就是有弱點的競爭者。如果競爭者低估了你的實力，那你就擁有一項競爭優勢了。

> 為了建立競爭對手的信心而暫時讓對方贏是有道理的：事實上，過度自信的競爭者就是有弱點的競爭者。如果競爭者低估了你的實力，那你就擁有一項競爭優勢了。

我們可舉過去十年間最傑出的成功故事——「臉書」的崛起為例。這些日子以來，這個網站幾乎無所不在，所以一般人傾向於忘記，當年的臉書只是一個專門為大學學子提供的社群網路平台，不是多麼起眼的角色。當時早就有 MySpace 和 Friendster 等基礎雄厚的網站，只不過，臉書後來卻取得支配地位的領域。

事實上，在臉書推出早期，MySpace 和 Friendster 根本不把臉書當一回事，在這兩個網站眼中，這個市場是它們彼此廝殺的戰場，根本沒有臉書立足的餘地。

但這個情勢反而對臉書有利。如果馬克．佐克伯早在臉書成立初期，就高調向 MySpace 和 Friendster 宣戰，那這兩個怪獸級的網站有可能將注意力轉向它，並立刻當頭痛擊這個不自量力的自大狂（或是直接剽竊臉書的點子，因為事實證明它的點子確實比較好，而且和社群媒體的演化比較一致）。

不過，佐克伯並沒有那麼做，所以，MySpace 和 Friendster 全都沒有把臉書當成真正的威脅。這讓佐克伯得以謹慎且默默地監控這兩個網站的一舉一動，了解它們的長處並掌握它們有哪些缺點具改善空間。最棒的是，MySpace 和 Friendster 根本不認為有必要改變它們原本的方法。它們完全沒有感受到臉書的威脅，所以不認為自家的服務有什麼問題。

不過——其實問題可大了。堪稱原始臉書的 Friendster 進展遲緩，而且非常不靈活，而 MySpace 則錯在它捨棄一切，只在用戶概況頁面上留下「廚房水槽」（譯注：當時美國某肯德基速食店員工將在店裡廚房水槽裡拍攝的豔照設定為她的用戶頁面），這讓不好此道的人感覺被侵犯。

更糟的是，MySpace後來很快就成為一個迎合青少年的網站，這不僅讓較年長的群眾感覺被孤立，也傷害到該網站的聲譽，因為一般人認為它已被色情變態狂及戀童癖者鎖定。而就在這兩個龐然大物捉對廝殺之際，臉書默默匍匐前進，偷偷地學習兩個網站的主要優點，並開創其他新的優點，同時謹慎地避開這兩個老大哥所輕忽的過錯，最後，它的普及度終於大爆發。

所以，儘管臉書獲得最後的勝利，但它一路上都深知，**速成的勝利不是初期最重要的目標，「做對的事」遠比短期勝利重要很多。**

忍者企業不打無謂的戰爭

有時候，不要開戰甚至是較明智的途徑。通常避免和競爭者交手（包括真正的交手和謀略上的鬥爭）是最好的選擇。因為一旦開戰，代表最後一定會產生一個贏家和一個輸家，但不管贏或輸，對任何公司都沒有利益。賈伯斯和奧多比（Adobe）之間對於奧多比「快閃」（Adobe）媒體技術的激昂公開鬥爭，就是其中一個典型案例。

我們毋須探討為何賈伯斯那麼痛恨flash技術，不過他的確非常不喜歡這個東西。賈伯斯對他的傳記作者華特·艾薩克森說：「flash是一種小兒科的技術，效能很差和而且存在非常嚴重的安全問題。」我必須說，我並不知道「小兒科的技術」代表什麼，但我很確定，我不希望賈伯斯這樣形容我的產品。不過，當這個爭鬥公開在媒體上演，它就變得比較不像是對特定技術的批評，而像賈伯斯個人的意氣之爭。

儘管蘋果公司的行動裝置——iPhone 和 iPad ——不具備支援 flash 能力，但消費者對這些產品的消費量依舊很大。但這個意氣之爭卻讓諸如谷歌「安卓」系統等蘋果的競爭者逮到機會，大肆宣傳他們的產品具備快閃視訊能力。其實，快閃視訊是個產業標準，如果沒有這項技術配備，你就必須在瀏覽經驗上大作妥協。無論如何，到頭來我們根本看不出蘋果及奧多比之爭究竟讓哪一方受惠，而這就是「有時雙方最好不要開戰」的一個好例子。

身為華盛頓眾多產業協會之一，消費電子協會也經常得面臨和其他產業交戰的情況。不過，不管是什麼樣的戰鬥，我都非常了解對手，而且和他們維持良好的合作關係。

當我們的議題一致時，我會向他們伸出友誼的手：但當我們的立場歧異，我會和他們展開激烈的爭鬥。我會邀請他們參加我們的活動，而且會在對方歡迎的情況下，公開加入表揚他們的行列。而如果他們的執行長丟掉工作，我有時候還是會秉持忍者生活手則，以個人的身份在他們有需要時伸出援手。

當然，我了解產業協會和企業是大不相同的，我們的工作是要促進所有會員的利益，但不對特定平台或產品表達任何意見。即使消費電子協會面對一個和本會成員嚴重利益衝突的對手，我的目標也不會是毀掉這個對手。我們的某些成員也許並不認同我的作法，但我寧可美國經濟體系裡充斥健康、活力充沛且彼此競爭的產業，而不希望它充斥一堆垂死的產業。

一如日本封建時代的忍者，**今日的忍者不會、也不該秉持「非黑即白」的絕對善惡觀**。因為每個人在力爭上游的過程中，都會認為自己是好人。我也許會大聲向利用人為手段來求生的產業提出抗議——例如鋼鐵業或廣播業（我將在稍後章節討論）——但我並不會把這些產業視為敵人。**成熟的忍者能看見所有灰色地帶，妥善應付當中的微妙問題，同時認知到「模稜兩可」本是人生常態之一**。

有人曾說：「不在乎失敗的人絕對會是輸家。」但忍者的方法卻不同。忍者能接受失敗，因為失敗本身可以、也應該是一個學習經驗。

不過，忍者的目標當然還是要贏；世界上最甜美的勝利莫過於經過辛苦且混沌的鏖戰後，情勢終於明朗，並獲得清清楚楚的勝利。而如果你的勝利來自於創意、自信和辛苦努力，而不是因為競爭者太弱、政府干預或單純的好運，那個勝利就更加令人欣慰。

對一個忍者來說，勝利不代表一切。當你相信勝利不可或缺，它就會發生。但即使決心取勝以前，也應該考量自己是否能和競爭對手合作，以及如何合作。

我發現「競合」比競爭好太多了。有一句諺語說得很好：「世界上沒有永遠的朋友，也沒有永遠的敵人」，對忍者來說，這句話一樣適用。

規則不能一成不變

最優秀的忍者會遵循一套行為守則，但他們也會打破傳統的遊戲規則，換言之，他們會出一些讓競爭者感到意外的奇招。但詭計多端的競爭者也經常會指控忍者企業涉及不道德或不法行為，而遇到這種情況，政府通常會介入。

在當今的環境下，政府經常插手商業界的事務，儘管令人遺憾，但卻是不爭的事實。通常如果有特定成功企業被指控涉及實際或假想違法行為，政府最後都會介入調查。

多年來，谷歌以沒有成立華盛頓遊說辦公室而聞名。不過，隨著谷歌持續創造優異的成績，情況也隨之轉變。競爭者對谷歌的成就開始眼紅，並請求它們最信賴的盟友——國會或白宮的好友們——出面為難谷歌。當政府開始「追殺」谷歌（這無疑是很多財力雄厚的競爭者所策動）後，它也不得不屈服於現實。

二〇〇五年時，谷歌在自家的部落格上宣佈，它將成立華盛頓辦公室：「情勢顯示，華盛頓特區的政策制訂及管理活動，對谷歌及其用戶的影響日益深遠。參與已是不得不為。我們必須參與政策流程，並為政策相關的辯論貢獻資訊。所以，我們在那裡成立了一個辦公室。」

這段聲明其實是非常微妙的公關辭令，實際上，谷歌的意思就是：「要玩嗎？好，我們陪你玩。」如今谷歌擁有非常龐大的遊說軍團，二〇一二年第一季，該公司花了5百萬美元在國會遊說活動上，金額創下歷史新高，而且超過微軟、蘋果和臉書相關費用的總和。

通常大型成功企業最後都面臨這樣的窘境。在成功初期階段，政府通常都不會介入，但接著，你很快就得面對殘酷的現實面：想繼續玩下去，就得付出代價。近年來，所有人都透過私下及公開管道「追殺」谷歌。而谷歌的唯一反擊途徑就是以暴治暴。

不過，企業不得不向華盛頓政客低頭的現象，還反映出另一個更不祥的趨勢：**政府幾乎已滲透到自由市場各個面向，一股不合常理的反企業風氣正逐漸形成。目前政府幾乎能無限度地干預民間企業**，從最近幾個例子便可充分見到這種情況。

二○一一年8月24日，一群聯邦幹員帶著自動化武器，以迅雷不及掩耳的速度，進入吉布森吉他公司（Gibson Guitar Corporation）位於田納西州的工廠和企業總部。這是吉布森公司幾年內第二度遭到政府的突襲搜查。理由是什麼？「漁類及野生動物保護局」的聯邦幹員認定，吉布森公司從遙遠的國度如印度及馬達加斯加非法進口保育類木材。就算那兩個國家堅稱吉布森不違法也沒用。這家著名的吉他製造商並沒有被控任何罪名，儘管如此，那些聯邦幹員還是帶走了價值50萬美元的吉布森公司產品。

這個突襲搜查行動的法源就是大家所知道的《雷斯法案》（Lacey Act），該法案的主要目的是規範瀕臨絕種植物及動物的貿易行為。該法案最初是在一九○○年通過，原本只用來規範野生動物保護，但一九九八年的修法，將非法砍伐木材的貿易也列入考慮。儘管一九九八年修正案的目的是為了防杜濫伐行為，但法條本身也被擴大解釋，連在不知情的情況下擁有特定罕見木材或植物素材的人都會被入罪。

這正是雷斯法案的主要問題。它的法條過於籠統，流程保護非常不足，而且將舉證責任推給所有權人，而非政府。

這項法律讓每個購買古董及木製產品的美國人——從音樂家、製造商到古董家具交易商等——都有被入罪的風險。現在有些音樂家為了不想成為被扣押的對象，已拒絕攜帶任何古老的樂器入／出境美國。

吉布森公司的執行長亨利．賈斯基尤維茲（Henry Juszkiewicz）解釋了他的沮喪：「（雷斯法案）和保育完全無關，和紫檀木或黑檀木有多稀少無關，而是和工作機會有關。他們帶著武器突襲搜查我們公司，並扣押了價值50萬美元的產品。而且還勒令我們關廠停工，但事已至此，他們卻還沒有對我們提出任何控告。」

亨利．賈斯基尤維茲是個貨真價值的美國成功故事。他生於阿根廷，是典型的草根崛起故事。他一步一腳印地取得企業管理碩士學位，同時在一九八六年收購了營運面臨困境的吉布森公司。接著，他成功扭轉了這家極具代表性的美國企業的命運，並讓它的銷貨收入蒸蒸日上。後來，他又繼續收購「投幣式自動唱機」公司伍爾利茲爾（Wurlitzer）和鋼琴製造業中極具代表性的包德溫公司（Baldwin），而且，最近又收購了日本接受器公司安橋公司（Onkyo）。

一如其他所有忍者創新者，賈斯基尤維茲也會犯錯。他原本想到一個將所有電子裝置連接到一個須進行產品註冊的接續系統的點子。這麼做應該能消除唱片公司的盜版疑慮，不過，這個系統卻非常複雜，所以未獲電子公司認同。不過，儘管失敗，他還是不斷嘗試，持續帶領公司走向更大且更盡善盡美的境界。

當然，賈斯基尤維茲今日所面臨的最大挑戰並非業務上的困難，而是聯邦政府的刁難。他沒有逆來順受地屈服於聯邦惡霸的挑釁，而是以創新的方式回應種種刁難——他選擇正面迎戰那些惡霸。當聯邦政府拒絕為它的突襲行為提出解釋或道歉，賈斯基尤維茲訴諸媒體的力量。他透過書面媒體、廣播、電視和部落格來訴說自己的故事。眾議院主席約翰·伯納（John Boehner）還邀請他參加歐巴馬總統在二〇一一年8月國會聯席會議的一場演講會，這顯然是要讓歐巴馬政府知道，企業老闆已經受夠了。

賈斯基尤維茲說得好：「要和全球各地的對手競爭本就不容易。我們的競爭者包括中國和歐洲的企業。我們希望有被尊重的感覺，而且希望政府認為我們有幫助創造工作機會。」他說的一點也沒錯。是什麼因素讓聯邦幹員只憑著一個「可能非法進口保育類木材」的薄弱藉口，大舉突襲搜查一家成功且極具代表性的美國企業？何況，就這項指控而言，聯邦幹員們有必要全副武裝地帶著一堆自動化武器去強力襲擊私人產業，並查扣價值數十萬美元的產品嗎？這樣的情況必須改變。

規定固然必要，但如果規定本身含糊不清，或規定本身導致執法上有太多彈性裁決空間，那這些規定就會扼殺企業及創新。賈斯基尤維茲的案例證明他是被冤枉的。他前前後後花了非常多資源來為自己向政府辯護，同時支付了高額的法律費用和罰金，但這些資源和金錢原本可用來促進事業的成長。

儘管賈斯基尤維茲和吉布森公司用幾十萬美元的代價，在二〇一二年8月就這件案子和美國政府達成和解，但事實清楚證明，他們支付這筆和解金，並不是因為該公司犯下蓄意違法行為，一切只因賈斯基尤維茲不願為了和聯邦政府在法院裡纏鬥不休而毀掉整個企業。吉布森公司針對這件案件所發佈的新聞稿裡，引用了賈斯基尤維茲的說法，內容說明了一切：

「我們覺得吉布森受到不正當的挑剔，一開始，政府原本只要派個人來接洽、關切，就能解決這個問題，但它卻使用暴力和惡意的手段，不惜派遣美國政府和幾個配備武力的法律執行機關的全面戰力，不惜花費納稅人幾百萬美元的代價，讓一個原本能創造許多就業機會的美國製造商陷入經營風險上升及競爭力下降的困境。這一切說明了政府刑事規定和法規趨於嚴苛的趨勢，也顯示政府把美國企業當成毒販來對待。這是錯誤且不公平的。」

另一個著名的案例是波音公司，它也是一家極具代表性的美國企業。二〇一一年3月時，「國家勞資關係局」（NLRB）投訴波音公司沒有把新工廠蓋在華盛頓州，而是選擇在南卡羅萊納州落腳。實際上來說，國家勞資關係局的目的等於是試圖阻止民間企業做生意。為什麼？因為根據國家勞資關係局的說法，波音公司是在「報復」華盛頓州過去曾罷工的工會工人。因為南卡羅萊納州是個主張「工作權利」（right-to-work）的州，所以當地工人可以自由選擇是否加入工會，所以，勞資關係局聲稱波音公司的決定是為了對付華盛頓州的工會主義者。

——企業要在哪裡開工廠是政府應該置喙的嗎？此例一開，後果將非常嚴重。南卡羅萊納州的工廠將創造數千個工作機會，但對國家勞資關係局裡那些大工會的盟友來說，那並不重要，重要的是要和民主黨的最大捐獻者保持良好的關係。

這個問題最後順利落幕，該局也撤銷投訴，共和黨總統候選人洪博培（Jon Huntsman）以一段簡單的說法，概述了這個悲哀又令人遺憾的情節：「國家勞資關係局的決定等於是贏了一場原本不該發動的戰爭。他們反對波音在南卡羅萊納設廠的行動是企圖干預自由市場，更企圖將民間企業要如何及在何處創造工作機會的決策予以泛政治化，這種行為簡直是匪夷所思。」

忍者即使打破成規，還是會遵守法律。但這並不代表法律本身是公平或合理的。如果法律內容不明確、遭到武斷地執行、有害或甚至不道德，忍者便會設法向民眾發聲，一如賈斯基尤維茲和波音公司的所作所為。

不過，我們不該忘記他們的遭遇對這個理當自由的市場體制所隱含的意義。一個積極和企業利益及就業機會創造者作對的政府，絕對是個邪惡且不道德的政府，也是所有忍者創新者的公敵。

忍者的授業之道

關於道德行為的議題，我要提出最後一點提醒：**我們不能輕忽「與他人分享智慧」的價值。對他人進行正式或非正式的指導與訓練是所有成功者的責任，也是一種樂趣。**

最成功的機構向來都有「分享」與「訓練」的文化。這代表一個人的經驗愈豐富、愈成功，他將智慧傳授給下一世代的責任就愈大。所有想成為偉大及成功領導人的忍者都必須做到指導與訓練、培養及教導他人並與他人分享智慧。

忍者也應該知道，教導他人、與他人相處也等於是擴展自己的經驗。儘管指導訓練及分享看起來是無私的行為，但事實上，這麼做卻也能讓指導者感到非常喜樂且極端滿足。

我重視良師益友的理由是，沒有人老到無法教育自己，也沒有人成功到不需繼續自我教育。我最近和一個成就非凡的長輩級企業執行長共進午餐。我有生以來第一次擔任企業高階主管時，他正好也擔任那一家公司的董事長。多年未見，真的很高興能再見到他。不過，用餐過程中，他表現出對我的職涯很有興趣的樣子，不但評論了我過去的成就，還激勵我更上一層樓，這我感覺非常振奮。在告別前，我笨拙地脫口對他說：「很謝謝你的建議，這些建議很棒，因為我的良師益友早都不在人世了。」

那並不是客套話，而是我的肺腑之言。除了我太太和幾個好朋友，我已經很久都找不到一個真正的良師益友。這種感覺令人坐立不安，尤其過去的我有幸得到很多模範人物的指正和引導。由於體認到自己愈來愈難找到良師益友，所以我更願意和別人分享我個人的智慧及錯誤，當然，我也希望有一天，這些人也能把智慧及經驗繼續傳給更年輕的一代。

幾年前，我在拉斯維加斯和我最敬重的兩個人共用了一頓頗具紀念性的晚餐，他們是我父親傑瑞．夏皮洛（Jerry Shapiro）和我的良師益友傑夫．卡洛夫（Jeff Kalov），我向來最重視他們兩人的建議。我愛他們，而且我永遠也不會忘記那晚我們彼此分享個人故事並討論人生種種的情景。

當時卡洛夫自己經營一家公開掛牌公司，也是我的重要董事會成員，他告訴我，儘管我先前創造了不少成就，但終究有失敗的一天，不過，他說，他一定會在我失敗時提供必要支持。這一席話讓我勇於承擔風險，當然，其中某些冒險行動也導致我嚴重失敗，但他一如承諾地對我伸出援手，而我也從每一次失敗中成長。

遺憾的是，過了幾個月，這兩位益友都過世了。我經常在想，如果我當初知道他們的大限將至，那我會問他們什麼問題？他們會怎麼回答？又會給我什麼建議？即使到今天，每次面臨棘手的情境和決策時，我經常都會問自己：傑瑞會怎麼說？

每當我在對較年輕的企業執行長提供建議和指導時，我都會鼓勵他們，**永遠不要忘了向其他人尋求指引，包括不同產業的人**。畢竟你絕對不會知道自己能從可信的產業外部人——所謂產業外部人是指你們之間只有純粹的友誼，他們和你的成敗毫無利害關係——身上學到什麼教誨，誠如我在第四章說過的，忍者隨時都應該聆聽他人的意見。

最重要的是，這代表和他人維持密切的互動。持續廣結善緣，在組織裡尋找適合的良師益友，而且，永遠都不要忘記，你之所以能有今日的成就，皆因朋友們一路以來的扶持。教學相長是人生的回饋過程之一。即使我深知運氣對人的一生影響深遠，而且秉持終生學習的態度，但我也知道，儘管我已經很成熟，但不懂的事還是與日俱增。

每個跆拳道黑帶高手在成為真正忍者的路途中，也都必須擔任較缺乏經驗的學生的指導老師。即使是對較低級的班級授課。我也清楚意識到自己必須保持完美的體能狀態、我的踢腿動作必須更俐落、我的套路也必須非常精確。

在授課的同時，你將學會更多讓自己做得更好的知識。換言之，當你擔任其他人的指導者時，也等於是在幫助自己。

柒

打破規則成習慣

創新思考是忍者的行動 DNA

Ninjas Break the Rules

企業的規模之所以會變得愈來愈大，是因為它們擁有很棒的點子，而且知道如何盡可能將那個計畫發揮到淋漓盡致。但一旦它們達到淋漓盡致的境界後，就需要另一個偉大的點子才能更上一層樓。然而，一個靠著單一概念而成長茁壯的企業，經常會用盡各種理由拒絕接受不屬於公司傳統的事物，當然也會對這類事物抱持成見。

忍者和同樣生活在封建時代的類似族群──光鮮亮麗的武士──不同，忍者不受「武士道限制。武士道和歐洲武士的俠義行為守則很類似，它明訂怎樣才叫光榮的生存和光榮的死去，但忍者並不那麼重視這兩個概念。

以現代的說法而言，我們會說，在面臨戰術上的挑戰時，忍者使用的方法遠比武士的方法更「**成果導向**」。事實上，儘管我們認為這兩種戰士不同，甚至彼此抵觸，但他們有時候還是得互相合作。武士在武士道的束縛下，必須為榮譽而戰，有些事是他們所不能為。於是，他們找忍者來為他們做那些事。

武士道和多數俠義行為守則一樣都立意良好。我們會對以維護和平及保護弱小為職志的帶劍騎士懷抱感激之情（即使根據武士道守則，日本武士可以砍殺任何一個侮辱他們的人）。但另一方面而言，如果面對問題時一味嚴格遵守傳統的方法，卻會嚴重阻礙創新解決方案的產生。**忍者創新者能甩開「向來都是這麼做」的包袱，並毫不猶豫地迅速嘗試新事務**。

以古代的日本來說，拒絕接受新想法的心態，正是導致這個與世隔絕的島國在一八〇〇年代時遠遠落後西方世界的原因；當時的西方世界比較開放。如果當初領導班子能大方張開雙臂，接納更多忍者，美國海軍准將培利（Perry）的砲船就無法在抵達日本後，對它造成那麼大的浩劫。

加州不是個「忍者州」

談到「最需要覺醒的地方」，我認為加州是其中之一。

世界上很多最具創新能力的科技公司都起源於加州。《財星》五百大企業中，有超過10%都以加州為家，其中不乏重量級的企業，最值得一提的包括蘋果、思科、谷歌、惠普和英特爾。臉書是在哈佛大學創建，不過，它的企業總部也設在加州門羅公園。即使不是以加州為基地的大型科技公司，最後都會在當地設立重要據點。例如，總部設在華盛頓州的微軟有一個矽谷園區，那是該公司第二大設施，微軟有2千名員工在加州工作。

加州目前還是世界上的新創企業之都，在投資美國的創投基金裡，常有大約40%至50%的資金會用來投資加州的新創企業。創業家當然知道資金和人才集中在哪裡，所以，很多最優秀且最聰明的創業家都很想湧向矽谷或南加州的幾個都會區去開發及啟動他們的點子。而這又進一步吸引更多投資人前來，最後形成一個自我延續的良性循環。

那麼，為什麼加州二〇一一年的新創企業家數會排名全美國第五十？而且，既然這個州擁有那麼活力充沛的商業群落，它怎麼可能是全國失業率最高的州之一，失業率長期維持在10%以上？

首先，從很多方面來說，目前的加州安於現狀，不思進取。矽谷之所以有今天，是因為它很接近史丹佛大學。大約從上個世紀中葉以來，史丹佛大學的管理者便執行一個重要策略：將該校極端聰明的學生派到鄰近地區，建立他們自己的科技公司，這個策略的主要目的是要反擊東岸在商業及產業上的優勢。

這個策略確實很成功，而這也代表如果有人想到科技公司工作，矽谷（而非紐約或芝加哥）一定會成為最首要的選擇。後來，這個趨勢像滾雪球般迅速壯大，而當一九七〇年代電腦開始成為消費性產品後，這個趨勢更變成一股巨大的雪崩。

即使到今天，所有想要和世界上最聰明的科技人建立親密關係的人都會到矽谷去，因為到目前為止，那裡還是擁有各種技術、財務及結構性優勢。不過，這樣的優勢能維持多久？加州的政治人物早就把加州的成就視為理所當然。

他們認為加州天生就具備成功的基因──所以，他們不斷想辦法剝削這個州。但加州並不是靠什麼大自然的原理（呃⋯除了氣候以外）才會成為科技太陽系的中心點，事實上，如果最近的趨勢不扭轉，加州很可能在短短幾年內變得像冥王星一樣遠離核心。

當創新的成本上升

多年來，加州州政府不斷增加各式各樣的稅賦和監理法規。近十年來，《世界高階經理》（Chief Executives）雜誌都將加州評選為「最不適合經商的州」，主要原因之一是州政府對企業的管制過多。重要的是，不是只有這份雜誌這麼評估，在眾多有關各州經商友善度的評比報告中，加州幾乎都敬陪末座。

在此同時，整個企業界也逐漸逃離加州，尋找更友善的環境。諾斯洛普葛魯門公司在二〇一一年遷離，這意味目前南加州已找不到任何一個大型軍事承包商的總部（當然，這類公司背後的工作機會也相當可觀）。

日產汽車北美公司也搬遷到田納西州的納什維爾（Nashvile）。至於目前尚未離開的企業，也早已做好到其他州投資或雇用員工的決策，這讓加州的氛圍變得更加冷冽。根據一項指標，二〇一一年有254家加州大型企業將大量工作機會或投資轉移到其他地方。

企業的離開和調整充分反映在就業數字上。從二〇〇八年1月至二〇一二年1月間，加州流失了超過85萬個民間工作機會，這個數字遠比其他所有州都來得高。而且，這並不僅是由於加州太過龐大、人口過多所致，工作機會流失率比加州高的州也只有七個。

加州的稅賦負擔非常重，不過，管制過多不只是阻礙企業創造成就；加州州議會在二〇〇九年時委外進行的一份研究顯示，政府管制導致加州每年必須付出5千億美元的巨大代價，那幾乎是加州全州國民所得總額的四分之一。

而為了應付這些監理管制措施，一個龐大的律師及顧問產業在加州產生，它們協助大型企業不致誤觸法網。但對加州的雇主來說，這卻是原本可以不用花的額外經商成本。遺憾的是，**對利潤率較低的小型企業來說，這些額外成本可能就足以成為它們的存亡關鍵**。複雜的監理法規導致小型企業主每年產生成千上萬美元的合規和機會成本，而這些錢原本可以用來投資回它們的事業和當地經濟體系。

多年來，消費性電子產業一直在和失控的加州環保監理單位戰鬥，即便我們和他們的目標一致，而且也花了數十億美元的研發成本來開發較不會影響環境的產品。

舉例來說，加州的法律規定，和消費性產品有關的新監理標準必須在利益和負擔之間取得平衡，所以，它要求新的規定「在家電產品預定的使用年限內，不能導致消費者的總成本額外增加。」然而，過去六年間，加州能源委員會（California Energy Commission，CEC）卻迴避這些規定，在他們的內部分析裡大做文章，不僅採用過時的數據（而消費性產品卻是個瞬息萬變的產業），而且還使用了不切實際的假設。加州能源委員會利用這個系統化偏差，宣稱能源節約（但其實所謂的能源節約根本不存在）將讓營運成本降低，因此所有產品——從電池充電器到電視機——都有降價空間。

誠如先前提到的，最怪的是，雖然加州好像永遠都嫌監理法規不夠用，但其實州政府所做的一切，卻全是畫蛇添足。消費性電子產業早已是能源效率最高且最具永續經營理念的產業，因為這個產業的消費者總是不斷要求更耐久的電池和使用成本最低的產品。

消費電子產業現有的永續經營計畫包括電子產品回收（eCycling）相關計畫、綠色產品標準，同時，我們還為了教育大眾認識能源效率趨勢與機會而投入種種努力。多年來，這些創新且經證實有效的方法，已經省下了非常可觀的能源。拜創新、競爭和聯邦政府能源之星（Energy Star）計畫等之賜，到二〇一一年，液晶電視的耗用電力已經比二〇〇三年時減少63%。能源之星和加州能源委員會強制性的能源使用命令不同，前者是一個對創新友善的計畫，也因如此，它鼓勵業界彼此競爭，也鼓勵消費者多加比較。

加州能源委員會最近又繼續推行幾項和高科技消費性產品及資訊科技設備（包括電腦、顯示器、電動遊戲機、影像設備、伺服器及機上盒）有關的新管制規定。儘管以上所有產品都已經推動了非常成功的能源效率計畫，但加州能源委員會卻完全不把這一切看在眼裡，它的動機純粹只是要提高自身的掌控權，當然，這一定會導致製造商、零售商和經銷商的成本無謂增加。

不過，未來也不盡然那麼令人絕望，因為二○一二年時，加州州議會考慮通過一項約束這類濫權行為的法案，具體而言，這套法案將要求加州能源委員會在執行所有預定施行的規定時，必須採用最新數據，而且必須更有彈性，適當撤銷不必要且過時的監理規定。但加州「不愧」是加州，就在二○一二年會期結束前，也就是該法案即將通過之際，環保及電力公用事業遊說者扼殺了這項法案。

環保團體和公用事業竟然會反對一項合理、嚴謹、且能真正（而非捏造的）產生能源節約效果的法案，這真的是匪夷所思，只可惜，那卻也是悲哀的事實。舉個例子，美國的「自然資源保護委員會」（National Resources Defense Council，簡稱 NRDC）根本完全不關心科學或良善的分析，只是一味推動對科技的新限制。此外，幾個加州立法人員還任由自然資源保護委員會擺佈，所以，加州目前還是高居「最不適合經商的州」寶座——科學在這裡是被詛咒的。

不是只有科技業製造商感覺加州的監理法規多如牛毛。加州也是美國很多頂尖電玩遊戲公司的總部所在地。不過，它卻通過一項限制對未成年人出售特定電玩遊戲的法律，完全不理會目前電玩遊戲上已註明家長警告標籤的事實。幸好最高法院根據《憲法第一修正案》，駁回加州的這項立法，它要求各州對電玩遊戲銷售的規定，不應該比書籍或其他藝術作品更嚴格。（它還要求加州要退還一百萬美元法律費用給勝訴者，這在司法界是個罕見的例子，而且與一般認知不同）。

揮霍未來的短視作為

加州無所不用其極地阻礙民間部門，但在此同時，它卻不斷揮霍公共部門的金錢。加州的工會型政府員工人口極為龐大，這些員工不斷要求擴大「確定給付制」退休計畫，不斷要求加薪，而且把對雇主造成嚴重約束的勞動規定視為理所當然，但另一方面，他們在民間部門工作的鄰居的種種福利卻不斷遭到擠壓。加州目前還找不到財源的州及地方退休系統負債高達5千億美元。從一九九九年至二〇一二年間，退休成本每年成長11.4%。

加州州政府最讓人提心吊膽的是它好像總是抱持「只要我喜歡，有什麼不可以」的任性心態。多年來，代表監獄保全人員的工會不斷施壓，希望通過增加監獄人口的立法。加州有約高達15萬名受刑人被關在州立監獄，只不過，自從加州將犯罪情節較輕者轉入地區性監獄後（這是為了配合美國最高法院要求改善監獄過度擁擠問題的命令），那個數字已經下降。

（相較之下，擁有和加州相似人口數的希臘雖然也面臨該國特有的社會挑戰，但坐牢人口卻只有1萬2千人。）目前監獄相關費用還佔了加州預算的9%左右。

加州違反了忍者的各項規則。即使面對眾多顯而易見的預算、債券評等及經商環境等危險問題，加州州政府卻還是拒絕順應時勢，拒絕改變。加州州議會目前依然偏袒代表少數族群的工會勞工和辯護律師，而這些人共同導致加州企業界和納稅人不得不付出荒謬至極的成本。

加州曾是驅動美國經濟繁榮的主要力量之一，憑藉著科技魔法、熱絡的港口和重工業，加州佔全國經濟體系的比重迅速竄升。但不知怎地，加州人口雖然只佔美國總人口的12%，但他們享受的社會福利金額卻約佔全國的三分之一。更甚的是，二〇一二年時，它還欠了聯邦政府90億美元的失業救濟支出，比另外47個州的總欠款還要多！

到目前為止，加州利用聯邦紓困基金、預算花招和其他速成補救方案而暫時免於陷入經濟困境，一心指望長期以後，一切亂象將回歸舊有的常態。但常態不可能恢復，因為這個世界已經完全改變，而加州必須跟著改變，才能再次成為獎勵成功且歡迎重視自由權的偉大企業及國民的地方。

加州的可取之處在於它壯觀的美景、漫長的海岸線和宜人的氣候。它是人人嚮往的美好居住地點。不過，加州就像一個天生麗質的美女或帥哥，它不能只靠著生理性的外表活下去（甚至炫耀）。它必須縮減各項計畫，裁減政府勞動力，同時降低並放寬讓企業喘不過氣來的稅賦和監理規定。如果能限制完全沒必要的法律訴訟，同時撤銷與聯邦計畫重複的計畫，納稅人及企業的負擔將進一步減輕。加州可以立刻跨出財政健全的第一步：透過特赦和修改無受害者犯罪行為相關的法律，縮減過度龐大的坐牢人口。

最後我還要強調一點，若沒有在州議會的支持下進行根本性的變革，就算找來世上最精明的領導人來掌舵，也沒有能力管理好加州。除非進行根本性的變革，否則加州還是會繼續墮落，與過往的榮耀漸行漸遠。

世界上沒有「大到無法成功」那回事

一般人在為加州種種治理問題辯護時，都拿「加州太大」來當藉口。相同的藉口也被用來為某些企業辯護，但這是胡扯。

大型企業的確是面臨了各式各樣獨特的挑戰，包括尾大不掉的問題。一家小型網路新創企業有可能在一個星期內開發並發表一個很棒的產品點子，並立即進行測試，但相同的點子在大型科技公司，卻可能連第一輪的核准程序都過不了關，而且，大企業的中階經理人經常不願倡議高風險甚至可能危及其職涯發展的點子，所以，好點子總是被半路駁回，永遠也無緣和最高領導階層相見。

大型企業也經常會像奴隸般遵從某些傳統——像是十九世紀阻礙日本走向現代化的種種

傳統。企業的規模之所以會變得愈來愈大，是因為它們擁有很棒的點子，而且知道如何盡可能將那個計畫發揮到淋漓盡致。但一旦它們達到淋漓盡致的境界後，就需要另一個偉大的點子才能更上一層樓。

然而，一個靠著單一概念而成長茁壯的企業，經常會用盡各種理由拒絕接受不屬於公司傳統的事物，當然也會對這類事物抱持成見。另外，大型組織也經常存在各自為政的情況。例如，某個業務領域的工程師和行銷人員也許會整合上下級資源，但卻永遠都不會和公司其他事業部對等職務的人員溝通。在這種情況下，當某部門的新點子需要其他部門的專業協助或支持時，就經常會發生拉鋸戰和運籌問題，到最後，就算是最棒的建議案都可能因此無疾而終。內部溝通向來都是組織的重大挑戰之一。

迅速回顧一下科技發展史，便能清楚看出這一點：**成功的大型企業確實很少推出全新的產品。沒有一家大型廣播電視公司成立有線電視公司；沒有一家有線電視公司成立一家衛星天線公司，而這些企業也全都沒有創建一個足以獨立營運的網路服務公司。**

即使是近年來的成功創新企業也都未能成功掌握其他創新機會。例如，谷歌不是微軟創立的；臉書不是谷歌創立的：推特或酷朋也不是臉書建立的。那些公司幾乎都沒有掌握到下一個潮流。不管是什麼時候，現有的企業都鮮少再發明一個能令人振奮的新服務，尤其是在介入障礙很低的網際網路領域。

大型企業的高階主管並不愚蠢。他們也知道，隨著公司的規模愈來愈大，就愈來愈難開創新的事業。但如果企業領導人全都不想再思考如何介入新領域，那世界上有一半的企業商務中心都得關門大吉。

關於這個問題，很多大型企業領導人偏好一個解決方案：成立一些專門只為提出新點子而存在的特殊團隊，這個團隊的另一個重責大任是要確保新點子不會被企業文官體系扼殺。為了能讓新點子順利執行，這些「臭鼬」作業單位有他們自己的人事、財務和薪酬規定。

另一個重要的策略是透過購併來達到成長的目的。如果大型企業難以透過內部來創新，可以向外尋找創新功能，搜尋並收購在某個公認未來具有擴張潛力的領域已經非常活躍的較小型企業。

要透過收購來培養新能力，還是要成立一個全新的事業營運單位？在做決定以前，企業通常必須進行「自行成立或外購」分析，判斷哪一個選擇的資金及時間成本較低。臉書在二〇一二年時以十億美元收購 Instagram 公司的決定，就反映出臉書想要迅速進入相片社群領域的慾望。

整體來說，透過收購來達到成長目的，說起來很簡單，但其實不並容易。思科公司是這方面的大師，它的執行長約翰．錢伯斯尤其善於將思科的企業文化及營運融入被併公司。

再者，這不僅是規模的問題。企業能不能繼續創新，有時候可能純粹取決於它有沒有擁抱新事物的渴望或企業文化。有時候，成功的企業領導人會因為激烈的競爭或來自政府方面的挑戰——政府會因企業的成功而調查甚至懲罰它們——而分心。在美國，這種情況似乎正逐年增加。

成功後的挑戰在於，每個人都想要「追殺」你，即使你可能已經是第一名，但卻會感覺自己成為各方攻擊的目標。在這種情況下，企業高階主管根本沒有足夠的能量可聚焦在如何將公司業務擴展到全新領域，尤其金融圈並不會因為企業投資傳統範圍外的產品或服務而給予回報，甚至經常將這類投資視為直接導致盈餘降低或可能使企業失敗的禍首，這也難怪，因為過去大型企業在創新方面的成績並不理想。

大型企業的高階主管並不愚蠢。他們也知道，隨著公司的規模愈來愈大，就愈來愈難開創新的事業。但如果企業領導人全都不想再思考如何介入新領域，那世界上有一半的企業商務中心都得關門大吉。

身為消費電子協會的領導者，我一直都很擔心本協會也會被這種拖累很多大型組織的階級化矯揉思想所害。我們要怎麼創造一年比一年精彩的國際消費電子展？我們是否已經盡全力保護會員並讓它們更上一層樓？我們的弱點和缺失是什麼？有哪些陷阱是我們沒注意到，但競爭者早已掌握的？

為了免於受這些疑慮的干擾，我採用了一個古老的戰術；腦力激盪會議，這只是一場單純的會議，所有與會者都可以隨性提出一個點子。有些點子會引來進一步的討論，但有些會被視為廢物，但總之，其中某些點子真的能進一步衍生更棒的點子。

腦力激盪會議的好處在於參與者通常會因這個過程而感到興奮，更活力充沛。因為他們的聲音被聽到了，所以會感覺自己對組織的成就有貢獻。此外，他們也了解到，好點子不是專屬某個人，而是來自一群活力充沛且忠誠的同僚，而且這個群體大家彼此尊重，凝聚力也很強。

最重要的是，幾乎每個人都可以發起或主導一場腦力激盪會議。最近我們的高階經營團隊之間出現一點隔閡，所以，一名中階經理人主動跳出來召集一場腦力激盪會議，目的是希望大家能聚焦在一個特定的挑戰。她在組織默默且盡職地工作多年，期間的表現並不是特別突出。那場會議有很多名高階主管參加，我認為會議結束後，多數人都變得比較敬重她，因為她召開的那場會議，可能成為我們某個重大專案成功與否的關鍵。

對我們來說，腦力激盪是一種重要的工具，它讓我們得以透過會議整合出最棒的點子。這項工具會不會成功，取決於參與者是否願意投入、提出新點子並承擔風險。

腦力激盪當然不是讓企業保持敏捷與彈性的唯一方法，不過，它的確能養每個忍者型企業所需要的各種特質：創意思考能力、所有員工全員參與，以及「不斷研究、蒐集資訊」的基本信念。

忍者知道現狀絕對是「短暫」的

企業也許不是人類，但卻是由人類組成，而人類很有趣：大腦和經驗告訴我們世事多變，但我們的本能卻總是想保護現狀。我們試圖像父母親和祖父母那樣忘記自己的年齡。生老病死是生命的自然循環，每個人遲早都一定會失去自己所愛的人，但我們卻通常都無法把握當下，向對方表達自己的感激之意。而當他們離開人世，我們會緬懷他們，好像他們還在人世，而且更常常會為了某些來不及問的問題和來不及表達的情緒而感到遺憾。可是，即便有過很多遺憾，未來這的個循環卻還是會重複。我們將會失去其他人，而且也許會產生新的遺憾。但基於某種原因，我們拒絕改變，不願接受人生、地球和自己的狀況本來就不斷改變的事實。從每個人回應變化的方式，不僅可以看出它們順應時勢的能力，也可以判斷他們是否快樂。

企業的情況也一模一樣。企業在擬訂計畫時，總是假定現況不會改變，我向來都覺得這個傾向很不可思議。

我們當然會為了新產品或服務的推出而分析市場趨勢，並尋找機會，但接下來，我們總會忘記競爭者也在觀察一樣的趨勢、考慮相同的決策。在消費電子產品領域，任何熱門的新趨勢一形成，馬上就會出現幾個競爭者，而且每個競爭見到這個新趨勢時，都會假設其他人都沒看見它。

經過激烈的震盪後，原本推出類似產品的數十個新競爭者，最後倖存的一定只剩少數幾個。有太多企業因為推出類似產品而失敗，因為他們不願承擔風險去做不同的產品，也不願設法規劃一種讓這項產品更具備獨特賣點的變種產品。

平板電腦市場就是近年來最棒的例子。每一家硬體製造商都推出平板電腦，但在蘋果公司率先看透趨勢，於二〇一〇年4月推出第一版iPad之前，並沒有任何一家公司抓住這個潮流。

從蘋果推出它的產品後，有超過五十家企業推出或展示平板電腦，而且多數是透過國際消費電子展。但蘋果還是繼續佔有支配地位，而且到現在，只剩下少數幾個競爭者得以立足。那些冒險介入平板電腦市場的企業是理解能力很高的忍者嗎？還是只想追逐贏家的跟屁蟲？

基於現狀總是不可避免會出現變化，每家公司到某個時間點，都必須在策略上進行根本的變革，才有繼續生存的可能。當年盛極一時的品牌柯達、消費電子零售商「電路城」和柯洛可（Coleco）全都因為無法找出適應新現實的方法而敗陣。

有太多企業因為推出類似產品而失敗，因為他們不願承擔風險去做不同的產品，也不願設法規劃一種讓這項產品更具備獨特賣點的變種產品。

不過，讓我們也來看看幾家進行根本變革且目前仍家喻戶曉的企業：

摩托羅拉公司（**Motorola**）從一九三〇年代開始製造汽車無線電設備，當時正值經濟大蕭條的高峰期（由此可證明創新雖可能減緩，但卻永不止息）。它發明了手提無線電話機，包括迄今依舊非常有名的背包型手提無線電話機，很多二次世界大戰電影還常會見到這種道具。它也為美國太空總署（**NASA**）開發無線電，包括尼爾・阿姆斯壯（**Neil Armstrong**）和巴茲・阿德靈（**Buzz Aldrin**）在月球表面上使用的系統。

隨著時代改變，該公司又進一步將觸角伸向機上盒、緊急通訊系統，當然，還有行動電話。歷史上最具代表性的三支現代手機，有兩支就是摩托羅拉的創作——**StarTAC**和**Razr**（以目前的情況而言，我們會把第一名寶座留給**iPhone**）。

摩托羅拉一直聚焦在通訊業務上，由於它向來都能靈敏掌握技術和市場走向，所以也一直得以保有和競爭者齊頭並進的地位，直到這幾年，情況才改觀。二〇一一年**1**月時，摩托羅拉將公司分拆為兩家企業，而且谷歌迅速以**125**億美元的現金，收購其中經營行動電話機業務的那一家公司。

我曾在第一章盛讚IBM，不過，以該公司著名的歷史，值得我在此重複討論它。

IBM一開始是一家「商業機器」公司，隨著科技不斷演化，它轉型為打卡機和大型主機電腦製造商。一九八〇年代時，它涉足個人電腦產業，但因這個產品的市場利潤率過低，所以它也未能順利從中獲取高額利潤，不過，它還是交出了亮麗的創新成績單，包括生物辨識控制系統和位於鍵盤中心的小滑鼠，總之，以ＩＢＭ繁多的創新來說，它實堪稱各國商業傳單廠商的好朋友。

一九九三年年底時，ＩＢＭ碰上了大麻煩，因為它前三年累計虧損了160億美元。為此，該公司採取非常措施，從外部聘請一位執行長路易斯・喬斯納（Louis Gerstner），他為ＩＢＭ發展了一個全新的方向，目標是希望成為高毛利服務提供者和系統整合者。該公司後來還繼續積極介入軟體。ＩＢＭ預期到二〇一五年時，一半的獲利將來自軟體部門。

藉由設計來創新

在一棟俯瞰克里夫蘭的「基督教科學教派舊教堂」（雖然老舊，但依然壯觀）裡，商業創新公司「諾丁漢史派克」公司（Nottingham Spirk）默默地為成千上萬個消費者和醫療產品公司開發新產品。儘管多數人從未聽過這家公司，但諾丁漢・史派克卻是很多日常用品的發明者。

約翰・諾丁漢（John Nottingham）和約翰・史派克（John Spirk）是貨真價實的忍者創新者。從一九七二年創立公司迄今，這兩位約翰帶領公司取得超過九百項專利，他們使用的是一個以公開、時效和可發展性為優先考量的開發流程。

從該公司的所在地，就可清楚看出該公司創辦人跳脫框架的忍者創新特質。多數企業不會拿舊教堂來當營業處所。不過，諾丁漢史派克的領導人卻在一棟建築宏偉的廢棄老教堂裡看見機會。

諾丁漢史派克的領導者當時提出一份創新的建議案：他們要收購這棟教堂，交換條件是以保護古蹟扣抵稅額來作為部分資金來源，將它改造為世界級的創新中心。諾丁漢史派克以非常聰明的方式實現了它的諾言，整修過後的教堂的確處處令人驚嘆。

這座巨大的聖堂擁有高聳的天花板，裡面還有一台配備五千個風管的豪華管式風琴，而在此處營運的諾丁漢史派克從未停止創新。工程和各種原型的製作作業是在較低樓層的前主日學校中進行。消費者經常被帶到創新中心的洞察實驗室，此處的專案小組負責發掘消費者的需要，並從消費者的故事中尋找靈感。開放式環境和堆疊式樓層的規劃不僅能鼓勵溝通，更並促進專案動能。

相似的，該公司的經營結構異常扁平，而且不重視工作頭銜。從最資深的設計師和工程師，到新進的大學實習生，所有人都以團隊的模式並肩作戰，而且，多數人在同一時間會擔任不同團隊的成員。公司鼓勵並期許所有人一定要有話直說，而且重視每一個意見。

這整個流程之所以會成功，是因為諾丁漢史派克的文化**接受完全創意的流程，儘管難免有令人沮喪的時候，不過，沒有人會因為一個原本看似前途無量的案子無疾而終而被懲戒。失敗的實驗和最後沒有實現的點子，都被珍視為一種價值**——他們認為這些價值將讓他們未來在客戶服務方面更節省時間和金錢。

如果以上描述聽起來好到不像真的，請看看該公司長達四十年的非凡成績單。美國人用過的很多消費性產品，很可能就是他們導入市場的，包括塵垢惡魔（Dirt Devil）產品線、Swiffer SweeperVac 乾濕兩用拖把吸塵器、Spinbrush 電動牙刷、Axe 攜帶式噴霧器、Sherwin-Williams Twist & Pour 塑膠顏料容器、Arm & Hammer Fridge Fresh 冰箱清新劑或 Scott Snap 肥料灑佈機等。

你甚至可能偶然見過他們特製的零售展示品，像是個人化的M&M印表機，或世上第一台可放置在櫃臺上的 Country Pure Chiller 冰櫃。而如果你全沒用過或看過這些產品，也可能體驗過該公司的某項醫療裝置，像是 UroSense、CardioInsight 醫技公司的 ECVUE 背心或健康據點公司（HealthSpot）革命性的 Care4 Station，這是一種像科幻小說上才有的先進產品，是方便又節省成本的醫病互動管道。

忍者會和競爭者大打混沌戰

我要用消費性電子領域的另一個故事來做為這一章的結語。大約二十年前，兩種不同的攝錄影機格式陷入苦戰。消費者對這兩個陣營的信賴度一直都不相上下，而且兩方都持續規出更小且更優質的攝錄影機。

在那一年的拉斯維加斯國際消費電子展上，三洋（Sanyo）展示了一款小得驚人的攝錄影機，該公司把它放在展場裡的一個玻璃箱裡。在整整四天的展覽過程中，群眾不斷擠到這個透明箱前，為這個令人驚奇的裝置拍下一張張照片。競爭者也都因這台攝錄影機在工程設計上的大躍進而震驚不已。

展覽結束後，我問一個在三洋工作的友人，他們是怎麼把攝錄影機做得那麼小的。他回答：其實他們並沒有真的做出這台機器，展示出來的那台攝錄影機根本不能運轉。三洋只是要和競爭者打混仗罷了。

三洋只不過是在完全沒有做出任何解釋的情況下，將一台看起來讓人印象深刻的產品原型擺到一個玻璃箱裡，結果，卻成功成為整場展覽的話題，更促使世界各地的產品開發團隊陷入極度的驚愕中。

忍者會以跳脫框架的方式創新思考，透過公平且聰明的假動作來讓競爭者摸不著頭緒。

捌

不創新就滅亡

忍者的大膽變招

Innovate or Die

沒有一個製造商能確定哪個特定平台或裝置能支配產業多久，也無法預測新的替代性產品何時將出現。二十世紀的經濟學家喬瑟夫・熊彼得（Joseph Schumpeter）將這個流程命名為著名的「創造性破壞」……。

忍者作戰時，只會動用少量的武器和資源。他不能依賴大量或精良的火力，因為敵人火力的數量或性能，永遠都可能多到足以將忍者打得落花流水。另外，一旦出狀況，他不能懷抱被解救的希望，也不能期待被捕後，會有僥倖脫逃的機會。

總之，在日本封建時代，一旦使用忍者，一定要記得一個首要原則：**敵人不會寬恕間諜**。

每次行動都只會有兩種結果：完成使命，或為任務犧牲。

不過，忍者並非完全沒有優勢可言。在一對一搏鬥時，忍者過去所受過的精良訓練，將會讓他擁有相對優勢。如果不慎落入陷阱，忍者也有必要的逃脫技巧和工具可用。最重要的是，忍者擁有掌控周遭環境的能力。只有在極罕見的環境下，忍者才會感到絕望，因為他們擁有必要的靈活度、創意、訓練和工具，能盡可能為自己創造優勢。

忍者也許會犯錯，不過，他們不會被錯誤打垮。根據「不創新就滅亡」這句話來推斷，忍者一定會活下來，因為他們懂得創新。

繁榮靠的是創新，不是補貼

二〇〇八年金融崩潰後，我也以「不創新就滅亡」來勉勵所有會員。作為一個產業，我們有可能被經濟體系的其他部門一起拖下水，也可能表現得比其他所有產業更好。我們可以創新，但如果不創新，最後將難以逃脫絕望的情境。我要很驕傲地說，幾乎所有消費電子協會的會員都選擇創新，誠如我在本書開場中提到的，從很多方面來說，美國經濟其實是被消費性電子產業撐起來的。

無可否認的，說消費性電子這樣的產業必須創新，有點像在說廢話，就好像說石油產業必須製造汽油一樣。我們本來就是不斷在創新。顧客無時無刻都期望我們能推出引人矚目的新產品或新點子，而且要以幾乎所有產業都做不到的速度推出新產品和點子。

但我們傾向於忘記一件事，**消費性電子產業的火熱創新文化，是過去二十年間才出現。**在DVD播放器開始普及化以前，家用錄影系統（VHS）平台通行了大約三十年。而直到一九八〇年代可錄寫式光碟問世以前，黑膠唱片更是支配音樂產業長達七十年。

至於紙本印刷書籍，我個人雖不認為它會像家用錄影系統的錄影帶那樣完全消失，但亞馬遜在二〇一一年的宣示——其電子書銷售已超過印刷書籍——也確定是個重要的轉捩點。另一方面，人類的生活早已被新科技支配，包括智慧型手機、社交網路、行動應用程式等，十年前這一切全都還不存在。

如今，沒有人敢擔保DVD的持久度能向家用錄影帶系統的錄影帶那麼長久。事實上，DVD銷售量已連續七年下滑，因為消費者逐漸轉向諸如耐飛利（Netflix）等影音串流平台。另外，CD片早已成為博物館收藏品，而讓它成為歷史的產品——iPod——也即將成為歷史。蘋果iPod在二〇〇八年的高峰銷售量為2270萬台，但接下來銷售量便悲慘地急遽下滑。儘管音樂的格式沒有太大改變——依舊是數位音樂——但消費者偏好的播放裝置卻已轉變為智慧型手機等其他產品。

這種種現象顯示：即使是消費性電子產品領域都必須比以前更需要創新。沒有一個製造商能確定哪個特定平台或裝置能支配產業多久，也無法預測新的替代性產品何時將出現。二十世紀的經濟學家喬瑟夫．熊彼得（Joseph Schumpeter）將這個流程命名為著名的「創造性破壞」（creative destruction），相信你懂得箇中的酸甜苦辣——當你終於把所有家用錄影帶全都汰換成DVD片後，整個流程卻又得再次重複。消費者也許會因此覺得很洩氣，但卻還是每年都會繼續消費新的裝置、媒體和平台。

在消費電子協會的整個任期內，我目睹了數十家企業逐漸萎縮並凋零，它們成千上萬名的員工也因使受創。其中某些企業甚至曾是其所屬領域的一時之霸，但到最後卻幾乎未能在歷史上留下一丁點兒痕跡。格式、技術和媒體的轉變，可能導致任何一家企業甚至產業變得落伍。儘管我們應該為它們的失敗（尤其是那些失業員工的痛苦經驗）感到惋惜，卻不能走回頭路。

至於成功企業——包括新創企業或幾十年的老牌企業——它們一點也不神秘，當然，這並不是說它們的業務或做事方法很簡單。本書反覆提到的很多成功企業：IBM、eBay、亞馬遜等，它們之所以能一直獨占鼇頭，答案就在於懂得「不創新就滅亡」的道理。

不過，不僅是我的所屬產業「不創新就滅亡」。我相信，若我們想重建美國的經濟繁榮，應該把這句話當成全國性的口號。不僅是美國所有企業執行長應該將它牢記在心，它更應該成為國會所有成員、每個聯邦機關人員和白宮所有人員的口頭禪。華盛頓當局應該以這句話來回應所有請求它紓困、補貼或向它遊說反托拉斯訴訟或鼓吹自私法案的企業：

只要農民開口要求另一項農業補貼時，當局應該以「不創新就滅亡」來回應對方。

只要電車產業提出數億美元的紓困需求，政府也應該以「不創新就滅亡」來回應它們。

只要鋼鐵公司要求對進口鋼鐵課徵關稅，也應該以「不創新就滅亡」來告誡它們。

但看看美國政府實際上做了什麼？上述所有產業全都有求必應，獲得華盛頓當局的馳援。

那些不懂經濟學的政治人物老是說補貼、貸款或關稅能「搶救工作機會」。也許對接受幫助的產業而言，的確是如此。但每次華盛頓當局插手干預自由市場，最後總是會產生一些輸家，而且輸家通常是那些無法「上達天聽」的小型企業或產業，因為他們找不到國會委員會主席來為他們發聲。

很多成功企業：IBM、eBay、亞馬遜等，它們之所以能一直獨占鼇頭，答案就在於懂得「不創新就滅亡」的道理。

在今日的政治環境下，「**不創新就滅亡**」的口號已經被修改為「**不創新就乞討**」。我們讓這些企業和產業得以輕易在遭遇困境時，和政府談條件。相反的，忍者型企業會透過創新，自行殺出一條血路，而不是透過密室交易。

即使如此，華盛頓當局依舊傾向於低估創新對經濟繁榮的驅動力量。歐巴馬總統曾說，銀行自動櫃員機（ATM）是「自動化負面影響」的象徵。抱持這類想法的人主張，銀行廣設ATM的政策，導致原本屬於人類的工作被交給機器做。所以，依照他們的邏輯，這會導致經濟體系的工作機會流失。

根據他們的說法來推論，顯然ATM廠商並未雇用任何人來建造這些機器，想必這些機器是憑空冒出來的。相似的，想必以前的銀行行員除了兌現支票和軋支票以外，完全沒有其他獨特的技術。這就是華盛頓當局的經濟政策思維，實在是很悲哀。

我想每個人應該都有興趣知道，當消費者開始利用以ATM發想的機器來滿足醫療照護需求時，華盛頓當局會怎麼說。這並不是我的假設，一家俄亥俄州的新創企業「健康據點公司」目前就正在創造一個全新的醫療照護方法，它改變了人類接受醫療照護的方式。健康據點採納ATM的概念（ATM滿足我們很多基本的銀行業務需求），創造了一種稱為「Care4」的醫療亭，為消費者提供最基本的醫療照護服務。

根據Care4醫療亭的創作者史帝夫．凱許曼（Steve **Cashman**，他是俄亥俄州一名三十六歲的電子工程師）的說法，這種醫療亭可以解決數百萬，甚至數千萬人不容易取得醫療照護服務的問題。

傳統上，一般人在美國要取得醫療照護，總免不了舟車勞頓，而且所費不眥，還得耗時等待，才有幸分到醫生的一點點寶貴時間。凱許曼自己有四個小孩，所以他深知整個家庭光為了取得最基本的醫療照護得花多少寶貴的時間。再加上凱許曼非常喜歡解題目，而且酷愛科技，所以遂想出了這個創新的點子。凱許曼的解決方案確實解決了這個問題，因為他讓病患不管身在何處都能輕易獲得醫師得協助。

相關的運作模式是：病患到健康據點的Care4醫療亭後，裡面有一張椅子和視訊螢幕，還有一些看起來非常簡潔的設備。他一坐下來，馬上就能量出體重，另外，機器會用幾個靈巧的步驟來幫他量體溫、血壓和其他可以作為記錄的身體指數。接著，他可以利用觸控螢幕來表述自己的症狀。很快的，他就能透過視訊系統連結上某個醫生。醫生問了一些問題後，會進而打開一些櫥櫃，使用其他有助於評估病患的身體狀況的醫療裝置。在短短幾分鐘內，醫師就會做出診斷，如果必要，還會開藥方。如果這個醫療亭是設在藥局裡，你馬上就可以拿處方去領藥。

這是非常偉大的忍者型概念，它很明顯跳脫了思考的框架（儘管還是在原來的醫藥框架內）。這個概念滿足了「**容易取得照護**」的需求，而且比直接去看醫生便宜，再者，這些機器也抒解了護士和接待人員工作負荷過重的問題，整體來說，這是個聰明且可行的點子。凱許曼已經吸引到可觀的投資資金，而且計畫在二〇一三年設置超過1千個Care4醫療亭。

我們應該批評健康據點公司害接待人員或其他醫療照護從業人員丟掉工作嗎？若根據歐巴馬總統有關ATM的那一番言論，華盛頓當局應該是這麼想沒錯。或者，我們應該因這家公司讓一般人更容易取得醫療照護而為它鼓掌叫好？**我們必須摒除「企業存在的唯一目的是提供工作機會」的概念**。

如果企業只是為了提供工作機會而存在，那美國就會有幾億個清潔工、銀行行員、旅遊仲介、街頭公告員、小麥收割工人和棉花收成工人。科技早已取代上述很多工作機會，而且，重要的是，消費者也因此受惠。

企業的存在是為了提供人類想要的服務或產品，而這對宏觀經濟體系是有幫助的。企業的任務是要透過創新的解決方案來繼續滿足消費者需求。如果企業無法做到這一點或拒絕做到這一點，並進而透過一些人為的手段來支持它們，最後將不可避免地傷害到其他真的有獲利能力的企業和產業。

換言之，「不創新就滅亡」不僅是對所有企業的忠告，也應該做為國家經濟政策的指導規則。有些人可能會說這樣太過冷血，但我認為犧牲其他企業或甚至整個產業來支持一個注定凋零的投資案更糟糕。華盛頓當局以人為手段提高價格的政策而強迫消費者付出不合理的高成本，才真的叫冷血。

忍者總是不斷創新，他們也許會死亡，但卻是死於戰鬥，而非死於不創新。

當規模愈大，乞求愈多……

美國廣播電視產業是由廣播電台和電視台組成，這就是典型久未創新的壟斷性產業。不過，在政府保護的「德政」下，它並未滅亡，至少目前為止還沒。

企業的任務是要透過創新的解決方案來繼續滿足消費者需求。如果企業無法做到這一點或拒絕做到這一點，並進而透過一些人為的手段來支持它們，最後將不可避免地傷害到其他真的有獲利能力的企業和產業。

多年來，電視和廣播業者壟斷了美國人的新聞及娛樂內容，一直以來，它們是形塑美國社會甚至整個現代美國的兩個重要角色。不過，約莫三十五年前，它們一手打造出來的社會逐漸出現變化。

過去幾十年來，廣播電視產業雖無奈被迫接受這個轉變，但過程中卻動輒上演「一哭、二鬧、三上吊」的戲碼，而且愈來愈蠻橫不講理。

不過，在批判廣播電視業者之前，我應該先描述一下它們目前獨特的尷尬處境。廣播及電視業者共同享受著一項承襲已久的優惠：聯邦政府出借頻譜給它們，要求它們為指定領域提供廣播電視服務。

由於「頻譜」是屬於政府所有的公共財，所以政府要求廣播業者的營運必須以「公共利益」為考量。這個模糊的標準讓聯邦機關「聯邦通信委員會」（FCC）得以掌握嚴格監理整個產業的大權，但也因此扼殺了創新。

我曾兩度受邀到美國的「全國廣播電視業協會」（NAB）會議中演講，我問在場的領導階層，如果他們會魔法，是否想要消除相關的產業監理規定。在場的領導階層全都異口同聲地表示「不想」，而且還解釋，他們認為監理規定尚可接受。不過，後來很多廣播電視業者卻個別私下告訴我，多如牛毛的規定不僅造成很高的成本，也限制了他們的創新能力，以致於在和其他形式的媒體競爭時難以佔有優勢。

不過，儘管我們同情這些廣播電視業者，但所有美國人都不應該為廣播電視業者目前的窘境及嚴格的產業監理規範流下一滴眼淚。政府的限制當然會導致業者更難以創新，但其他產業一樣也必須對政府負起類似的責任，可是，其他產業卻還是能繼續創新。廣播電視產業就完全不同了，他們認定局勢已毫無改善的機會，而且只要逮到機會，就開口向俘虜他們的人談條件。

首先，隨著有線電視時代、衛星時代乃至目前的網際網路時代的來臨，廣播及電視產業的市場佔有率不斷被其他媒體瓜分。為了回應如此激烈且前所未見的競爭，這個產業卻犯下了幾個策略性錯誤，導致他們的市場佔有率進一步降低。

一如其他「公共財」的壟斷性服務提供者，這個產業從不認為有必要為了跟上眼前這個數位新時代而下決心來創新它們的業務模型。取而代之的，他們不斷利用政商關係來維持現狀，甚至企圖開倒車，回到當年由它們壟斷整個媒體的全盛時期，換言之，這個產業採取更加依賴政府監理和更強力遊說的策略，企圖藉此取得或維持其他產業所沒有的政府委託優勢。

以廣播音樂為例。多年來，廣播電台業者在這方面的貢獻非常大。我曾在這一章稍前的篇幅提到，某些平台延續了非常久才被取代。廣播技術就是一個非常棒的例子。早在進入二十個世紀前後，義大利物理學家古格里莫．馬里可尼（Gugliemo Mariconi）就察覺無線電波可以像電線傳送電力那樣，用來傳送訊號，而從當時迄今，這項技術基本上並沒有任何改變，原因是，這個基本概念沒有必要（或實在沒有辦法）進一步改良。

當然，留聲機和黑膠唱片是聆聽音樂的其他替代選擇，不過，這兩者只能在定點使用，像是在家裡聽音樂時。廣播電台的重大優勢是，你可以帶著音樂「趴趴走」。不過，廣播電台業者在可攜式音樂聆聽方面，卻沒有其他產業競爭，一直到一九七〇年代可攜式音樂卡帶推出後，才算開始面臨一點競爭壓力。長年沒有競爭對手的環境，當然讓這個產業變得又肥又懶。

接下來，情況迅速轉變——至少就廣播電台產業標準而言。音樂卡帶很快就打入汽車市場，索尼公司更以秋風掃落葉之姿，在一九七九年推出隨身聽。接著又是可錄寫式壓縮光碟。

隨身聽和它的下一代產品都是可攜的，而且卡帶能客製化，CD更是提供更優越的音訊品質。到了此時，無線廣播已經沒有太多籌碼，而且情況隨時會進一步惡化。

到今天，消費者有更多音樂及新聞來源可使用，包括衛星廣播電台、智慧手機、平板電腦甚至電視等。於是，廣播電台的音樂逐漸被遺忘。事實上，數位音訊廣告巨擘TargetSpot公司發現，二〇一二年那一年，在18歲到24歲年齡層人口當中，有接近一半（47%）的人花在收聽廣播電台節目的時間比二〇一一年減少。

不意外的，在廣播電台收聽者群當中，萎縮得最嚴重的就是這一群「數位原住民」。在此同時，NPD集團的研究也發現，二〇一一年時，43%的網路人口會收聽數位廣播電台節目，比二〇〇九年的29%明顯增加。

但廣播電視業者並沒有因此開始創新或走到技術變革的最前端，它們反而試圖利用對立法人員的影響力來扼殺新的競爭者。他們基於一個可笑的前提——無線通訊電台會威脅到大型廣播電視公司——而懇求聯邦通訊委員會停止低功率無線廣播電台的業務，幸好最後它們並未得逞。

另外，他們也請求聯邦政府延遲通過XM和Sirius衛星廣播電台公司的合併，所持理由是，合併後的主體將取得壟斷地位（沒有競爭者），進而對廣播電視業者造成競爭威脅——這實在是有點精神分裂的理由。

目前，無線廣播產業又請求政府實施一個自肥的點子——**規定所有手機都必須植入調頻**

（FM）無線廣播晶片。他們聲明的理由當然還是和「公共財」有關，因為根據廣播電視產業的說法，一旦災難來襲，一般人需要無線廣播電台來了解外界情況。難道消費者不會透過智慧型手機、簡訊、氣象應用程式和其他常見的資訊管道來取得外界訊息嗎？這就好像要求每一台電腦的鍵盤上都必須配備一枝原子筆一樣。

在一九八〇年代到九〇年代間，我偶爾會受邀到廣播電台產業演講。每次我都催促他們儘快接納數位化地區性無線廣播，因為CD及後來迅速推出的數位衛星無線廣播即將問世，無線廣播電台的音訊品質將比不上前述技術。

我也催促廣播電台產業接受一種稱為「無線數據廣播系統」（Radio Data System，RDS）的標準，這項標準能以看得見的方式，透過無線廣播展示歌曲名稱和藝術家名字等文字。儘管一九九〇年代時，這項標準已在歐洲及其他地方逐漸普及，但美國無線廣播電台業者卻抗拒了二十年，直到最近才將這項標準納入。

相似的，高解析度無線廣播也推出很多年了，儘管目前它幾乎已經是汽車無線廣播的標準配備，但多數廣播電台當初接納這項標準時，卻一樣是心不甘情不願，而且早期還拒絕投入任何資金來推廣它。取而代之的，無線廣播產業寧可花費數百甚至數千萬美元在華盛頓政治人物身上，要求他們倡議某些蠢點子，像是FM無線廣播晶片，和堅持無線廣播應該成為免付任何權利金給唱片公司但又可使用版權音樂的唯一媒體等。

反創新者的利益保固行動

這實在很荒謬，舉個例子，以網路為基礎的潘朵拉媒體公司（Pandora）——無線廣播電台的競爭者之一——大約一半的營收都得用來支付唱片公司權利金，而數位衛星廣播電台（SiriusXM）也有7.5%的營收被用來支付唱片公司權利金，但無線廣播電台業者卻一毛錢也不用付。為什麼？因為早年這些廣播電台在聽眾（代表唱片消費者）方面擁有壟斷地位，所以，它們當時宣稱，透過廣播電台播放音樂能讓唱片銷售增加，因此這對唱片公司和藝術家而言是一種免費的促銷管道。但如今這個論述已經完全沒有道理可言。

二〇一二年6月時，我為了這些問題而到眾議院「能源暨商業通訊與科技委員會」作證，我根據事先擬好的評論，對該委員會說：

「消費電子協會不僅反對強制規定手機植入FM晶片，也反對廣播電台業者目前要求政府研究這項議題的種種作為。市場告訴我們，美國人有足夠能力判斷自己想要擁有哪些智慧手機功能和特色。浪費納稅人的錢來實施一些對創新毫無幫助且荒謬又沒必要的強制性規定，將會讓一般美國民眾非常失望，因為那些都是因特殊利益團體而產生的無謂支出。」

顯然廣播電視業者已經失去音樂傳播的舊有壟斷地位，目前它們正面臨更競爭的環境，然而，廣播電視業者應該做的，不是乞求國會出面保護它們過去的商業模型。取而代之的，廣播電視業者必須仿效其他產業，面對新的市場介入者時，應該學習如何更明智且更努力地與對方競爭。

最後，美國兩黨立法人員終於警覺到，廣播電視業者所要求的FM晶片強制規定及拒絕支付權利金給唱片公司及藝術家的態度，已不只是單純的意見辯護，而是企圖推動特權式的「裙帶資本主義」。

扼殺創新，就是犧牲大眾利益

正如哥倫比亞公司總裁暨執行長萊斯利．孟維斯（Leslie Moonves）在二〇一一年資誠聯合會計師事務所（PWC）年度全球執行長調查中所言：「如今每個新媒體裝置都擁有更多且更好的內容取得方式。所以，要讓我們的內容上到那些裝置，已是一大挑戰……。」

地區性電視廣播業者也察覺它們的市場佔有率持續下降。有線電視在一九六〇年代推出時，廣播電視業者並沒有把它當一回事，因為那個市場太小（哪個新市場不小？）衛星電視在一九八〇年代推出時，他們也以相同的態度來面對。不過，有個值得一提的例外：擁有非常多中西部廣播電視業公司的哈伯德（Hubbard）家族投資了大量資金成立一家衛星公司，而且該公司最後和DirecTV合併，但無論如何，哈伯德家族的確是這個產業的異數。

當一九八〇年代有人開始討論高畫質電視的概念時，廣播電視業者——包括地區性電視台和全國電視網，倒是做了比較明智的選擇，它們不遺餘力地參與這個歷程，讓美國得以採用最佳系統。但到二〇〇九年1月時，歐巴馬總統上任後的第一個決策，竟是「展延數位電視轉換期限」，但當時只剩不到10%的美國家庭採用免費的無線廣播。

當然，一如我們的預測，那時很少人抱怨或關心類比式廣播電視何時壽終正寢，但廣播電視業者竟然說服歐巴馬總統和民主黨國會議員，平白浪費超過十億美元來補貼訊號轉換盒，並延遲轉換期限。

廣播電視業者一向反對在消費者接收節目的方式上進行創新。他們利用訴訟的手段，阻擋我們所知道的DVR技術，這項技術最早是在一九九九年國際消費電子展上，由ReplayTV公司推出。這件訴訟最後無疾而終，因為ReplayTV公司已聲請破產。二〇一二年時，廣播電視業者又繼續對DVR的第二代產品——DISH網路公司的AutoHop提出訴訟，因為這項產品讓用戶可以跳過廣告。

也許廣播電視最令人髮指的立場，是它們反對將其名下未充分利用的頻寬拿出來拍賣，儘管這項拍賣計畫是政府發起的。無線頻譜可以說是行動裝置賴以為生的氧氣，聯邦通訊委員會估計，智慧型手機所消耗的數據大約是傳統手機的24倍，而平板電腦更是高達傳統手機的122倍。分析師預測，行動寬頻流量將在未來五年內增加35倍。

因此，我們當然必須解決頻譜吃緊的困境。美國人已經不能沒有這些神奇的裝置，而且，這些裝置也漸漸成為軍事、醫療、教育及商業領域的必要裝置。政府和產業都同意，必須要有額外的頻譜，才能防止無線流量嚴重壅塞，否則美國很多城市的無線連線速度就會降低，而且無法收看視訊內容。

然而，廣播電視業者卻無視於這項社會需要，擁這些未充分利用的頻譜自重，希望拖到政府提出更好的條件，再把其實是跟政府借來的頻譜賣給無線連線提供者。二〇一二年時，歐巴馬總統終於簽署了一項指派聯邦通訊委員會處理無線寬頻拍賣的法條，這項法條是對另一個大型法案的妥協之一。

未來無線寬頻連線提供者將可以使用這些頻譜，因為愈來愈多美國人想要或甚至非常依賴透過智慧手機和平板電腦來觀看快速的全動態影片，所以，消費端的整體需求已經超過美國無線通訊系統的負荷能力。其實對電視廣播業者來說，這個條件實在好得不得了，因為儘管它們的頻譜執照早已過期，但卻還是能獲得出售頻譜的價金。

眼見利用政治力量來反對頻譜拍賣已不可行，廣播電視業者開始宣稱他們將公開「支持」拍賣的立法。然而，全國廣播電視業協會主席，也是前參議員高登．史密斯（Gordon Smith）卻在二〇一二年3月的產業年度專業展上，發表一篇規勸廣播電視業者不要參與拍賣的演說。我馬上寫信給史密斯議員表達我的不滿：

「我寫這封信的目的，是想請求您重新考慮您對於自願性獎勵頻譜拍賣相關法律的公開（及私下）表態。您在全國廣播電視業協會展上的演說，似乎是在鼓勵廣播電視業者不要參與拍賣……。

最近您不鼓勵參與及不支持拍賣的公開說法，不僅抵觸國會的目標，也會導致拍賣難以出現必要的競爭力量，更無助於拍賣的圓滿完成。」

顯然整個廣播電視產業大體上除了透過強力遊說來保護現狀以外，沒有其他策略可言。但誠如歷史所證明，**這個戰術只能產生短期功效。要不了多久，下一個創新推出後，廣播電視業者又得匆忙回頭找國會幫另一個忙。完全依賴政府的保護來躲避競爭是荒謬的。**這就等於現代人為了保護孩子而不斷對他們灌輸「所有人都是贏家」的觀念，但那卻是有有害的。**失敗是一種教育，而且能鼓勵我們更加努力。**聯邦政府極力保護廣播電視業者的結果，已經讓這些業者變得弱不禁風、自滿，且覺得自己應得所有利益。如果你和廣播電視業者談，他們絕對會無視於市佔率下降的事實，不斷吹噓他們是美好、特殊且寶貴的獨特政府德政。

我不知道如果要這些廣播電視業者一切從頭來過，他們會不會選擇較低程度的政府保護及監理。說不定如果不依賴政府，他們會創造自己的競爭力，並成立有線電視、衛星和網際網路行銷及內容公司。

> 完全依賴政府的保護來躲避競爭是荒謬的。這就等於現代人為了保護孩子而不斷對他們灌輸「所有人都是贏家」的觀念，但那卻是有有害的。

當然，無線廣播電台及電視廣播業者市佔率逐年下降是公開的事實，我在此點出它們的失敗，根本是事後諸葛。但未來又該如何呢？

所以，我不想只是一味批評廣播電視業者市佔率下降這個顯而易見的歷史，還要向這個產業提供一些策略建議：

(1)勇於投入市場競爭

這個產業應該善加利用目前的低成本結構，作為一個策略優勢，並成為地方性地理區域的「地頭蛇」。所謂「成為地方地頭蛇」的意思，是指不要只是經營廣播電視業務。哥倫比亞公司目前正明智地朝這個方向前進，它透過該公司的地區性關係企業，發出提供特殊的地方性團購交易商品（如酷朋）的推送電子郵件（push e-mail，譯注：行動電子郵件的一種，隨時可收件）。各個新聞網應該為它們的地方性關係企業創造一個商業模型，由它們成立地方電台，並雙向分享營收。附加團購交易商品的每日推送電子郵件也可以傳送節目表，所以有助於擴大觀眾群和營收。

地方性廣播電視業者擁有獨特的銷售優勢，不僅是銷售廣告，它也能和地方性的社區有所交流。有些企業可能只想要買廣告，但某些個人也許想要更多的公開曝光率，所以願意付錢讓自己得以出現在地方性的新聞裡，從而成為知名的地方人士。

(2)超越「三十分鐘節目」的思維

沒有人規定所有美國電視節目都該是半個小時。所有促使業者統一採用半小時節目的研究，都是在網際網路給了我們推特、臉書、電子郵件、簡訊通知和其他堪稱電視節目競爭者的事物之前做的。廣播電視業者不應該害怕實驗，更應勇於改變。

(3)不要再依賴華盛頓政府當局

最後，這整個產業必須停止依賴華盛頓當局的保護。取而代之的，它應該掙脫導致它沒有能力和有線電視、衛星及網際網路競爭的政府束縛，換言之，應該設法解除和內容有關的所有限制、撤銷節目規定、強制性的再傳輸命令，以及文官系統強制實施但卻會導致成本大增的規定。

最重要的是，廣播電視產業必須承認時代已經不同，現在已不是一九五五年，是該進入二十一世紀的時候了。如果他們能勇敢切斷和政府之間的臍帶關係，最終還是有可能理解「不創新就滅亡」這句話背後的意義。

穆拉利先生到底特律

「不管福特汽車公司目前的問題有多大，都不比二〇〇一年9月12日的波音那麼糟糕。」——亞倫．穆拉利（Alan Mulally）

不過，穆拉利很快就發現他錯了，**福特公司的問題比那一天的波音更糟**。

二〇〇五年時，美國歷來最具代表性的品牌之一——福特汽車，瀕臨聲請破產的邊緣。該公司的董事長兼執行長比爾・福特（Bill Ford）已經黔驢技窮。打從二〇〇一年自揮霍無度的執行長傑克斯・納瑟（Jacques Nasser）手中接手公司以來，這位亨利・福特的曾孫就發現，影響福特汽車公司的種種問題早就不是他的能力所能解決。他被賦予救星執行長的任務，但最終卻還是失敗。

於是，福特接洽了很多令人振奮又具創新能力的汽車業高階主管，但卻沒有人願意擔下這個任務，協助復興這個垂死的美國代表性公司——至少沒有人願意同時擔任董事長和執行長職務。幾乎只差一分鐘，比爾・福特就把這個家族企業輸掉。

亞倫・穆拉利是波音公司的最高主管之一，他一出社會就在航空產業做事，而且多半是待在美國最大商用飛機製造商波音公司。成長時期的穆拉利原本立志當太空人，但他在一次視力檢查後，發現自己是色盲，所以那個希望就此落空。於是，穆拉利忖度，如果不能上太空，至少可以建太空船吧？不過，有一個朋友告訴他，商業飛機產業的前景比美國國家太空總署強，所以他建太空船的計畫又改變了。

在波音時，穆拉利協助該公司度過「九一一恐怖攻擊」後的種種困境。對穆拉利來說，那是將這個企業巨獸重組為一個更精實且更有效率的企業的好機會。的確，經過四年後，波音再次奪回龍頭寶座，而那個事蹟多半要歸功於穆拉利靈巧的應變能力。

二〇〇五年時，在幾名波音執行長被迫辭職後，穆拉利被視為下一號執行長接班人選。不過，當時五角大廈被困擾著波音歷任執行長的幾宗醜聞搞得不勝其煩，所以，它公開宣示，錄用外部執行長才最符合波音公司的利益。就這樣，穆拉利的希望落空了。

這時，比爾．福特隨即把握機會和他接觸。

上述歷史是擷取自新聞工作者布萊斯．霍夫曼（Bryce Hoffman）的一流報導《美國代表性企業：亞倫．穆拉利以及他拯救福特汽車公司的奮鬥過程》。

霍夫曼是《底特律新聞》（Detroit News）的記者，他近距離觀察福特汽車的那些艱困歲月，當時的福特似乎前途渺茫。他以文字記錄了穆拉利接手時的恐怖企業環境，詳細描述福特汽車高階主管不斷為了日益萎縮的利益而自相殘殺的陰森畫面。比爾．福特自知無力處理那樣的局面，所以，他做了所有正牌忍者創新者都會做的事：從外部引進能人來重組整個公司。

公司裡那些老「汽車人」們對於穆拉利接掌福特一事，抱持極度懷疑的態度。第一次和福特汽車高階主管開會時，有一個人甚至想要趁機「教育」一下這個汽車業生手，他說：「一般的汽車是由成千上萬種不同的零件組成，而且，這些零件全都配合得天衣無縫。」

穆拉利當場鎮定地回答：「那的確很有意思。典型的客機有四百萬種零件，如果其中一個失效，整台飛機就會從天上掉下來。所以這對我來說不算什麼。」

不過，就算穆拉利嫻熟機械領域，也不代表他有能力拯救福特汽車。事實上，誠如霍夫曼敘述的，穆拉利差點沒接下這份工作，因為他不敢確定福特汽車是否還有救。就在穆拉利到任的二〇〇六年，福特汽車的虧損高達127億美元，該公司股價也重挫到每股六美元，這讓整個福特家族不斷向福特汽車施壓，要公司方面設法挽救他們繼承來的財產，而亞倫・穆拉利就是那個方法。

短短四年後，穆拉利就把福特汽車公司改造為獲利66億美元的企業。更驚人的是，穆拉利是在沒有接受政府紓困金的情況下，達到這個成就，其他兩個美國同業——克萊斯勒和通用汽車都低頭向政府尋求紓困。

當然，我並不是說穆拉利從接手後就一帆風順。在接下這份工作以前，他就先問過比爾・福特，是否準備好為了挽救曾祖父的公司而進行必要的改革。比爾・福特表示他已準備好。應該沒有人認為比爾・福特會想到，穆拉利竟然將福特公司的所有資產（包括它的藍色橢圓形商標）全部拿去抵押，換取扭轉公司命運所需的236億美元貸款。

接著，穆拉利遵從了我在前幾章討論過的忍者創新概念。

首先，穆拉利改造了福特汽車惡名昭彰的公司氣氛，以前，這家公司高階主管各個都只顧著保護自身地盤，互相推諉責任，但穆拉利到任後，將公司改造為一個真正同心協力的環境。

穆拉利師法他在波音時的作法，召開每週高階主管會議，各部們的首長必須提出進度報告。穆拉利告訴霍夫曼：「那是圖窮匕現的時刻。」誠實的人不會被懲罰，會中也不斷評估各種點子，而且，最重要的是，他根據整個公司的成敗（而非個別部門的成敗）來訂定高階主管薪酬。

接著，穆拉利將福特汽車散佈在世界各地的不同事業部全部整合為一家公司，以前的福特亞洲或福特歐洲公司都不復存在，只剩福特汽車公司。而且，穆拉利接手初期的焦點，是將福特重建為一家真正以北美洲為基地的企業。

接下來，穆拉利聚焦在汽車，產業外部人士可能會覺得這聽起來很荒謬。「哪有汽車公司不聚焦在汽車的？」但是，真正會這麼想的人顯然不是底特律人。

多年來，三大汽車公司就好像汽車工會的撲滿，是工會為旗下的勞工提供極豐富福利的大財源。到最後，利潤遭到工會壓縮的汽車製造商無奈只能推出一些沒有人想買的廉價車種。於是，穆拉利和工會槓上，威脅工會若不合作，就要把福特汽車的所有製造業務全部遷移到墨西哥。結果，福特汽車終於開始製造符合美國人胃口的汽車。

最後（但卻是最重要的），**穆拉利還將福特汽車重新定義為一家科技公司，而非汽車公司。他不再主打汽車的馬力和「每分鐘引擎轉數」，他知道消費者想要最新、最棒且最好用的汽車科技**，所以他聚焦在這些項目。他甚至利用國際消費電子展，將福特汽車公司凸顯為一家科技公司。媒體注意到這個轉變，而福特汽車的銷售量也漸漸成長。

在穆拉利接任前，很多人都認為福特汽車已經沒救了。更多人認為他拒絕政府紓困是瘋了。不過，四面楚歌、被切斷後援且補給品稀少的亞倫·穆拉利選擇採納忍者之道。

他知道如果不創新，就會滅亡，所以，他突圍而出，走上創新之路，最後成功拯救了福特汽車。

玖

守護創新

當人人都是忍者軍團

An Army of Ninjas

不管你對茶黨或佔領華爾街的特定政策和運作模式有何看法，有一個事實卻不容抹滅：如果少了忍者創新者所打造的那些根基，這兩場運動都不可能發生。

截至目前為止，我們檢視的多半是一些能展現忍者創新特質的單一主體的成就，包括個人、企業、組織和政府。不過，忍者創新者在某一方面，也和古代忍者非常神似：**他們勤奮工作的態度會促使其他人也跟著改革，不僅是產業，還包括整個政治結構，甚至整個社會。**

十六和十七世紀時，日本一直處於戰爭狀態，忍者在這些衝突當中扮演關鍵的角色。著名的服部半藏（Hatorri Hanzo）領軍下的伊賀和甲賀忍者，是促使德川家康在西元一六〇〇年奪得大權並成為幕府將軍的必要力量之一，而這個事件代表著日本戰國時代的結束。

其中一個由喬伊．李維（Joel Levy）在《忍者：影武者》（Ninja:The Shadow Warrior）一書裡重述的故事特別值得一提：

「在一六〇〇年的一場意外事件中，甲賀忍者再度前往協助家康，他們施展一種典型的忍術策略，協助他逃離一個困難的處境。即將獲得最終勝利的強大領主受到可能致命的伏兵，所以，他的忍者衛隊製造了一個仿造領主外型但塞滿爆裂物的傀儡，將它放置在德川的馬車上，並若無其事地護衛這個傀儡前進。當敵人發動攻擊，火藥隨即被點燃，雖然甲賀忍者因此犧牲，但伏兵也未能倖免於難，而載著家康本尊的馬車，則利用這段寶貴時間順利逃脫。」

忍者在起義過程中的貢獻，讓德川家族終得以掌握大權，並進而建立了讓封建時代的日本享受了長達兩個半世紀和平與繁榮的德川幕府。至少就這個案例來說，忍者扮演著改變歷史方向的決定性角色。

科技是自由之友

今日的忍者創新者也扮演著一樣關鍵的角色。儘管他們的工作極端聚焦在特定事項且非常個人化，但卻也非常錯綜複雜，遠超過董事會或資產負債表的範疇。忍者創新者已創造了科技革新，不過，他們也讓更廣泛的社會變革得以發生。

社群網路技術在二〇一一年「阿拉伯之春」所扮演的角色，讓上述觀點顯得尤其不辯自明。原本這些國家的獨裁者利用控制公民的方式來求生存，而且他們的多數掌控力來自管控資訊的流通。不過，近年來社群網路領域的創新，加上行動科技的興起，提供了一條能繞過政府防火牆的道路，讓備受壓迫的人民得以溝通並團結在一起。

這些國家多年來的政治發展誠然不利於永續民主改革，但人類追求自決的本能慾望，還是引爆了阿拉伯之春的種種活動。只不過，一直到諸如推特和臉書等社群網路工具讓人民得繞過政府管控的資訊模型，以智慧型手機、平板電腦和電腦等傳達各種資訊，他們才終於體認到這股本能慾望的存在。

開羅示威活動的領導人之一是個「溫良恭儉讓」的谷歌軟體工程師，他名叫威爾·哥寧姆（Wael Ghonim），而他會成為領導人之一，一點也不算偶然。我們可以拿這些群眾起義所造成的「骨牌效應」，和二十世紀發生在納粹德國及蘇聯的例子作個比較。

當時，這兩個國家很少發生群眾起義活動。在納粹的控制下，歐洲被佔領國的人民鮮少站出來反抗佔領者。最著名的起義是發生在一九四四年的華沙，不過，這場起義遭到暴力鎮壓，而且波蘭人民一直到冷戰行將結束前，都沒有再嘗試另一次起義。至於蘇聯及其衛星國家，則有較多人民起義的例子，如一九五六年發生在匈牙利的暴動，以及一九六八年所謂的「布拉格之春」，是最著名的兩個例子。不過，這兩個案例都沒有引發骨牌效應，換言之，這是兩起獨立的事件，而且，如果當時的規劃者以為這些起義活動會在整個蘇聯帝國內激起海嘯般的支持，那他們可就錯得離譜了。

當然，那並不是因為其他蘇維埃歐洲國家很滿意當時的共產黨統治者。大致上來說，這必須歸咎於其他國家的人民根本無法取得共產黨宣傳機器以外的訊息，也無法有效自行組織為一股反對勢力。不管是哪一種情況，人民都是因為缺乏資訊及溝通，才會無法團結在一起。

而這就是阿拉伯之春如此獨特的原因。這一次，在大舉起義之初，人民的組織結構就比起經過審慎規劃的捷克或匈牙利暴動更有組織。最初誘發這些區域起義活動的刺激因素，是發生在二〇一〇年12月17日的突尼西亞，一個年輕的小販為了抗議高壓體制而自焚。警方原本試圖封鎖他的死訊，但一段有關年輕小販葬禮過程的行動電話影片，在短短幾小時內被張貼到網路上，這點燃了突尼西亞人民的怨氣，並進而出面推翻政府。

另外，儘管妮達．阿加蘇坦（Neda Agha-Soltan）二〇〇九年在伊朗身亡的事件基本上和阿拉伯之春無關，但卻產生了非常相似的影響，因為這個事件也刺激該國人民出面抗議政府。妮達是在參加質疑馬慕德・艾馬班加（Mahmoud Ahmadinejad）當選連任之有效性的一場群眾抗議活動時，被一槍打中胸部而死。妮達身亡的影片被上載到YouTube，她馬上就成為國際知名的烈士。儘管畫面慘不忍睹，但生動的影片卻觸動了一條敏感神經，喚醒了深埋在人民心中一種基本人類需求——對自由的需求。

社群網路工具在反獨裁者暴動方面的效率絕對不只是傳說。華盛頓大學的「資訊科技與政治伊斯蘭專案」在二〇一一年9月做了一份研究，它檢視了超過3百萬條推特推文和YouTube內容億位元組。研究發現，社群媒體「是促成阿拉伯之春多項政治爭端的重大影響因素。在每個重大事件發生前，網路上有關革命的對話通常都會大幅增加。在社群媒體的襄助下，民主概念得以跨越國與國的疆界，廣泛傳送到各個國家。」

在二〇一二年拉斯維加斯的國際消費電子展上，我非常榮幸地負責招待阿拉伯資訊及通訊產業的代表團。來自十三個阿拉伯國家的代表齊聚一堂，檢視科技對阿拉伯之春的影響，同時探討促進阿拉伯資訊科技產業成長的機會。政治覺醒為該地區的新研究和投資開啟了無限多的大門，在舊有的政治體制下，這根本不可能發生。

想想看，十年前這些工具都還不存在，光是這一點就已經夠嚇人的了，而且，這些工具所使用的基礎建設也都是相對近期的發展。儘管手機早在一九四〇年代中期就開始發展，但直到高通公司（Qualcomm）在一九九四年推出「多碼分工」（CDMA）概念以前，手機並不普及。這個概念整整花了九年的時間才成形，但它才推出三年，第一個無線網路（Wi-Fi）標準就被提出。

我們大可以說，就算沒有這些技術，阿拉伯之春遲早也會發生，不過，若沒有了寬頻網路連線及行動裝置，這股風潮就無法引起全球的注意、獲得全球的支持，更無法讓民主思想迅速散佈到整個中東地區，換言之，這場革命就不可能那麼快發生，也不會那麼引人注目。

科技是自由的好朋友，這是不容否認的事實。在網際網路及廣泛被使用於阿拉伯之春的社群網路工具發明以前，革命人士只能利用無線廣播來發佈訊息及動員。在冷戰時期，起源於西德的自由歐洲無線廣播電台（Radio Free Europe）的廣播活動，不僅穿透鐵幕，還深深滲透到保加利亞、捷克斯拉夫、匈牙利、波蘭、羅馬尼亞甚至蘇聯本土。冷戰一結束，這個組織便理所當然地將總部轉移到布拉格、捷克共和國，對伊拉克、伊朗、阿富汗、巴基斯坦等其他資訊流通極不自由（儘管新的行動技術早已讓資訊的取得變得更快速，人與人之間的溝通變得更直接）的地方。

另類的政治變革手段

某種程度來說，這些科技也在美國引起了社會及政治變革。二〇〇九年2月19日當天，消費新聞與商業頻道的評論家瑞克．山戴利（Rick Santelli）大聲責罵「房屋持有者可負擔及穩定計畫」（Homeowner Affordability and Stability Plan）——也就是房貸紓困計畫——的影片，像病毒般在網路上迅速傳播，數百萬人在YouTube和其他分享網站上看見這段影片，遠超過最初透過電視頻道看見這段影片的人。很多人認為這段影片是「茶黨」（Tea Party）運動的出發點，這項運動主要是表達人民對政府支出、赤字及負債的普遍不滿。茶黨很有效率地組織這場運動，它後來成為一個勢力強大的政治運動，因為它並沒有仰賴基礎雄厚的共和黨網路來取得資金和溝通資源。總之，網際網路讓他們得以自行蒐集資訊，而且在花費最小支出的情況下組織並推動各種運動。

儘管「佔領華爾街」（OWS）示威行動的規模比較小，且顯然較沒有產生具體成效，但它也是起源於社群網路和行動技術。佔領華爾街的抗議人士善加利用網路上大量的網路工具，以他們所謂「99％與1％的不等」將所有不滿的人結合在一起，最後，不僅是在紐約市的金融區，美國其他地方甚至世界各地都有抗議活動進行。他們利用社群網路來組織大規模的抗議活動，同時將大集會的情況上載到YouTube。當然，也有人為了反茶黨及佔領華爾街等的抗議活動，將茶黨或佔領華爾街抗議行列裡的惡劣行徑錄下來，上載到網路上。

不管你對茶黨或佔領華爾街的特定政策和運作模式有何看法，有一個事實卻不容抹滅：如果少了忍者創新者所打造的那些根基，這兩場運動都不可能發生。馬克．佐克伯和推特的傑克．多爾西（Jack Dorsey）所打造的工具，讓一般人對於特定議題的聲音得以被聽見，而原本他們可能對這些議題毫無影響力。

創新最大的奇蹟之一是，創新能衍生更多的創新。多爾西和他的伙伴們開創一個新方法，讓一般人得以和一小群朋友分享「不重要資訊的小出口」，那就是推特。不過，所謂的「自由市場」現象，還隱含更重大的意義。多爾西和他的團隊絕對想不到自己的創作竟會點燃美國的政治運動，更想不到它會引爆中東的幾場革命，但它確實做到了。

儘管某些人正利用這些科技來幫助自己實現政治改革，但多數人只是利用這些技術來讓自己保持消息靈通，並和他人分享自己的故事。美國軍隊在二〇一一年5月進入奧薩瑪・賓拉登（Osama bin Laden）位於巴基斯坦的藏身處時，外界馬上得知這個訊息，因為當地一個巴基斯坦人在推特上談論這場騷動：索哈伊伯・阿薩爾（Sohaib Athar）因為抱怨他在阿伯塔巴德（Abbottabad）的住家上空有一大堆吵鬧的直昇機（遇到這種情況，有誰不會抱怨呢？）而成為世界名人。其實他當時根本不知道那些直昇機上載著美國空軍海豹部隊，更不知道他們揪出了世界最惡名昭彰的恐怖份子。

創新也能幫我們救命。當世界各地爆發自然災難——如日本的嚴重地震和海嘯，或泰國的超大洪水——行動裝置和社群媒體都讓拯救行動得以鎖定明確的目標，因此也讓救濟行動變得更有效率。

一份報導上提到，「（日本）地震發生後不到一小時，」「全國的電話系統癱瘓，但根據Tweet-o-Meter網站的統計，每分鐘來自東京的推特推文卻高達1千2百則。」許多媒體入口也都設置推特帳號來張貼和這場慘劇有關的最新報導，

另外，谷歌也啟用它的「尋人服務」（People Finer），幫助一般人在諸如海嘯等災難後和他們所愛的人會合。（這再次證明無線廣播業者宣稱我們需要在手機植入FM晶片是矛盾的作法。）

再者，創新能促進社群的形成，並幫助癒合我們的傷口。例如，二〇一二年7月，一個持槍歹徒在科羅拉多州奧羅拉（Aurora）一家擁擠的電影院內開槍，事件發生後，資訊快速被分享到全國甚至世界各地。其中一個著名的例子是，一個Reddit（也是另一種推文式社群網站）的用戶將他在那家電影院裡的所見所聞張貼到網站上，還有其他人將現場的照片張貼到網路。等到新聞記者抵達時，早就有成千上萬人知道現場發生的事了。

而且，其他受害者的故事也幾乎在頃刻間開始透過其他網路平台流傳。我們聽到一些令人痛苦萬分的故事，有些勇敢的電影迷一起挺身而出，排成一條線，為其他人擋子彈。隨著時間不斷過去，愈來愈多人出來分享他們的故事，有的是透過Reddit，有的是透過推特、臉書或其他一大堆社群網站。這些公共平台讓我們得以訴說自己的故事、整理我們的感覺，彼此安慰，進而開始重建工作。

創新能自行衍生一種自我防衛機制

創新在促成上述種種聯繫力量的同時，也會產生另一種重要的副作用。創新會讓身為消費者的我們，反過來成為**攸關創新是否能繼續保有其成功果實的利害關係人**。

想像一下，如果美國政府企圖審查張貼在臉書或推特上的東西，或對這些工具的使用者課徵使用稅，那會引起多大的抗議聲浪（其實根本不用想像，我稍後馬上會解釋為什麼）。如果政府介入和稀泥，損失的絕對不僅是企業；所有人也都有所損失。實質上來說，這些創新已經把一般大眾轉化為一個忍者軍團，細心呵護著這些促成「自由大爆炸」的工具。

當勢力強大的利益團體試圖扼殺創新時，站出來反擊的一定是人民，儘管各種科技工具是本書反覆介紹的那些知名、較高調的忍者創新者所開發，但一般人在以新奇方式使用這些科技工具之餘，又會讓創新進一步發揚光大。

二〇〇〇年時，一個忍者創新者團隊創造了一個音樂搜尋服務，協助獨立的音樂家尋找聽眾。其中一個創新者名叫提姆．威斯特葛林（Tim Westergren）——他本身也是個音樂家，曾擔任搖滾樂團樂手，也寫過電影配樂；他認為有必要發展一項「能幫助聽眾找到新音樂，且讓藝術家找到新聽眾」的搜尋技術。

五年後，「潘朵拉媒體」公司問世，它讓用戶得以依據他們原本就很喜歡的藝術家、唱片或文藝作品來創造屬於自己的網路廣播電台。潘朵拉會根據成千上萬種特質來選歌，這讓聽眾聽到自己偏愛類型的新音樂的機會大幅提高。用戶收聽歌曲後，提供的回饋愈多，他們的播放清單也會變得更聰明、更個人化。

潘朵拉電台革新了一般人消費音樂和尋找新歡藝術家的方式，而且，它非常成功。根據iTuneApp商店的iPhoneApp下載次數統計，潘朵拉名列史上第二高，僅次於臉書。另外，根據報導，二〇一二年6月時，潘朵拉擁有一個包含90多萬張唱片的圖書館，有效聽眾達5450萬人，而且那個月的聽眾時間高達10.8億小時。

潘朵拉愈來愈普及化，幾乎處處可見。有48款市售汽車和數百種消費性電子產品（從電腦、智慧手機、藍光播放器和網路電視等）可以使用它，它甚至還被植入冰箱。

不過，潘朵拉也面臨很多挑戰。誠如第八章曾提及的，根據某些不可思議的法律，潘朵拉必須將一半的營收拱手讓給表演藝術家、唱片公司和詞曲創作家。它的主要競爭者之一：SiriusXM衛星廣播電台大約只要撥出7.5%的營收給上述人等，而無線廣播電台卻一毛錢也不用給唱片公司。這個失衡的現象是一小群華盛頓遊說專家的傑作，他們不斷抗拒外界要求無線廣播電台應補貼藝術家和唱片公司（因為它們播放了那些音樂）的種種呼聲。

廣播電台根本沒有理由享受這種競爭優勢，所有因為音樂傳播業者——不管是透過廣播電台、衛星或網路——都應該公平競爭才對。但取而代之的，現在卻只有潘朵拉和衛星廣播電台在支持唱片公司和藝術家，無線廣播電台完全免費。

事到如今，只有美國消費者所代表的正牌軍團，才足以說服國會修正這種因遊說專家而產生的失衡現象。潘朵拉的用戶必須採取警告行動，讓政治人物知道人民用戶有多麼關心音樂家和潘朵拉，而且希望音樂家和潘朵拉能雙贏。潘朵拉和該公司幾百萬名愛樂用戶很幸運，因為美國人民早已用行動證明他們將會捍衛創新，而且通常是利用其他忍者創新者開發的各種工具來捍衛創新。

二〇一一年時，版權遊說活動積極鼓吹一項允許所有版權主關閉幾乎所有被控違反智慧財產權的創新網站的法案。阻止參議院假意稱為《保護智慧財產權法》（Preventing Real Online Threats to Economic Creativity and Theft of Intellectual Property Act，簡稱 PIPA）和眾議院所謂《禁止網路盜版法案》（Stop Online Piracy Act，縮寫為 SOPA）等法案通過，是消費電子協會的首要任務之一，因為這些法案將會扼殺網路創新，而網路創新代表所有創新的未來。

版權遊說團根本不願意和我們討論修法的問題，因為這些遊說團認定他們草擬的法案將會一字不漏地通過審查。他們認為完全無須妥協，就能讓他們想要的法案通過。

事實上，這項法案的確在參議院司法委員會獲得無異議通過，而且還得到眾議院多數議員的支持，但那全是因為當時現代科技的用戶並沒有注意到這件事。一如既往，版權所有人——好萊塢製片場和唱片公司，還是活在過去。他們並未能體認到自己花了幾十年反對的科技早已改變了這個世界。

等到各地創業家、創新者和網站主人注意到這項法案後，向來支持創新的政治人物如加州共和黨眾議員達瑞爾・艾薩（Darrell Issa）和奧瑞岡州民主黨參議員榮恩・威登（Ron Wyden）便出言反對這項法案。接著，隨著反對PIPA／SOPA的勢力逐漸增強，網路創新者號召了一場虛擬罷工。

在二〇一二年1月18日當天，世界上很多最受歡迎的網站——包括龐大的谷歌和維基百科到眾多部落格及日常網路漫畫——全都關閉或貼出聲明，以表達對這項法案的抗議，當然，它們的公司還是維持正常運轉，這簡直可說是現代版的《阿特拉斯聳聳肩》（Atlas Shrugged）。對於高度仰賴網際網路工作或利用它來和親友聯繫的我們來說，那些網站的停擺實在令人憤怒且沮喪，但這就是重點。沒錯，這些創新者終於走出陰暗角落，欣然承認他們早已是這社會及經濟網路中極為重要且強大的角色，並要求身為使用者的我們關心他們的困難處境。

其中很多創新者，如非常受歡迎的線上百科全書——維基百科——請求用戶要求國會否決PIPA、SOPA及其他所有企圖審查網路或扼殺網路創新的作為。在短短二十四小時內，國會就收到了約5百萬個美國人的憤怒表態——他們反對預定實施的審查法案。後來，有超過三十名政治人物撤回他們對這項法案的支持，並導致它無法在二〇一二年乃至可預見的未來成為正式法案。

毀滅PIPA和SOPA的是代表忍者軍團的美國人民，不是國會。如果被治理的人不同意，領袖人物也無法治理國家，當然，歷史上也有很多領袖人物藉由建立公民參與障礙，在未取得被治理者同意的情況下治理國家。在推特、臉書問世以前，要了解事實真相、傳達訊息並號召大軍來反對惡法，得耗費很多時間和資源。然而，科技創新已經打破那個循環，它讓領袖人物必須隨時對人民負責，而不僅是在選舉前夕負責——歡迎進入全新的華盛頓政治世界。

所以，潘朵拉的用戶也需要採取類似反PIPA及SOPA的行動。這兩項法案是企圖以專橫的法規鎖定整個網際網路，而束縛潘朵拉的規定並不一樣，它的目標非常明確，真正受影響的只有潘朵拉和其他類似的服務。這場運動的難度一定會比較高，但一樣可以推動類似的小規模抗議。

舉個例子，在二〇一二年7月的某個炎熱星期一，幾千名網路用戶共同為一家創新的新創企業站了出來，最後扭轉了這企業的命運。優博（Uber）是一家成長快速的服務公司，它的業務是協助幾個大城市的智慧型手機用戶聯繫附近有空的豪華轎車駕駛。由於幾個基礎雄厚的利益團體感受到這個新挑戰者突如其來的威脅，所以用嚴峻的對抗手法來打壓它。

很多汽車服務公司規定，若要租用配有司機的城鎮交通車或休旅車，一次至少要租三個小時，但這也導致很多車子長期閒置。優博公司的叫車應用程式將那些駕駛和想要更乾淨、更高級且可能更快速到達目的地的用戶聯繫在一起，不再需要配合豪華汽車服務公司的規定

（至少得租用三小時但隨時待命）。這項服務彌補了計程車不好攔及豪華轎車過於昂貴的缺點，所以，它在各大城市的業務也迅速起飛。

想當然爾，這項服務威脅到基礎雄厚且壟斷市場的計程車業者，於是，他們開始運作讓優博公司關門大吉。華盛頓特區的計程車協會推動一項法案，規定諸如「優博轎車服務的收費，至少必須比傳統計程車高五倍」。這項法案甚至公然承認，立法的目的就是要讓計程車免於直接的競爭壓力，真是再傲慢也不過了！不過，優博公司執行長隨即要求用戶向市議會發聲，結果，在短短幾個小時內，就有幾千人回應。一個市議員表示，他的辦公室在短短幾個小時內接獲五千個意見。最後，原本預定通過的法案被撤回，幾個月後，更口頭免除手機叫車服務的佣金監理規定。

幾年前，這種驚人的轉機根本不可能發生。事實上，從很多方面來說，優博公司的例子反而比PIPA及SOPA立法期間所發生的種種事件更令人矚目。畢竟優博的事件只關乎一個城市裡的一家公司：一個由華盛頓人組成的忍者軍團，站出來捍衛這個能填補現有服務無法滿足的需求的創新商業模型。華盛頓市議會議員——原本可能在沒有任何麻煩監督的情況下為所欲為——公然迎合計程車壟斷業者的醜陋行為被攤在陽光下，所以，顏面盡失且威信掃地的他們，當然只好適時改弦易轍。

當然，加入這個忍者軍團的不只是人民，聯邦及州法院也愈來愈支持創新。紐約市最近發生一個例子：一些無線電視用戶因附近林立的摩天大樓阻斷而無法接收到有線電視訊號，於是，一家名為艾瑞歐（Aereo）的服務公司成立，它以特殊的天線重新發送訊號，協助緩和這個問題。它讓用戶得以在家接收到即時的無線電視廣播，也可以透過行動裝置，即時收看節目，同時還附加DVR功能，所有服務都存在一個網路介面，用戶無須下載、安裝或採購特殊的設備。

廣播電視業者當然不高興了，它們控告艾瑞歐公司，希望阻止它提供這項服務——他們宣稱這項技術重新傳輸了版權內容，所以不合法。幸好紐約的一個聯邦法院駁回了「初期禁制令」（preliminary injuction）。這個法院是根據其他兩項和消費者科技使用權有關的大型法院判例而做此判決。其中，第一項判例是一般人所知道的「Betamax判決」。最高法院判決，它判定儘管卡式錄影帶錄影機（VCR）能錄下完整的電視廣播節目，但它是合法的。這在創新史上是特別值得一提的里程碑。第二個判例是二〇〇八年聯邦上訴法院的裁定（有關Cablevision公司的裁定）它認定有線電視公司在機房集中設置（而不是設在用戶家裡）數位錄影機（DVR）的作法並未違反版權法。

艾瑞歐公司的判決進一步讓Betamax及Cablevision兩項前例判決的生命力變得更強盛，因為前兩個案例涵蓋的不只是特定品牌。這一次，廣播電視業者的訴訟主張那些前例僅限於「時間轉換」，換言之，消費者是在廣播結束後才開始收看錄影內容，但法院還是駁回廣播電視業者的主張，最後的判決強化了相關創新（讓用戶更容易取得廣播電視內容的創新）的法律基礎。

最近DISH網路公司開創的新技術也面臨相似的法律挑戰，該公司的服務讓用戶在利用DVR錄製影帶時，得以跳過節目休息時段的商業廣告。不過，基於法院近來的趨勢，DISH及其消費者的處境似乎也逐漸改善，因為法院終於開始和創新者站在同一陣線，不再一味捍衛基礎雄厚的特殊利益團體。

這個追求創新的運動也延伸到消費電子領域以外，因為忍者創新者的作品時時刻刻都影響著每個人。舉一個名叫EHE國際（EHE International）的公司為例，該公司的業務是提供員工健康及生活方式管理服務。一百多年來，該公司一直以提供預防性醫療服務為主，而這多半是財力雄厚的企業用來作為酬庸高階主管的一種福利。不過，最近拜醫療產業科技創新之賜，加上社會及政治環境愈來愈鼓勵一般人反思自己的醫療方法，使得EHE國際的業務範圍持續擴張，公司也不斷成長。目前它的服務已延伸到所有員工——不僅是雇主——因為預防性醫學是保持健康的最好方法。儘管多數醫療服務提供者聚焦在疾病的治療，但EHE則是以預防這些疾病發生為目標。

這家公司不僅利用所有機會推廣一種革命性的個人平日養生法，還善加利用其他人創造的創新產品，讓那個養生法變得可行，進而吸引消費者採用。諸如EHE這樣的企業無須直接介入消費性電子產品也能受惠於創新運動，只要它們的領導人採用忍者的方法來經營事業，就能受惠於這個運動，而所謂的忍者方法，就是有創造力、保持彈性、能順應時勢，以及善加利用其他人所創造的先進產品或服務來強化自己的商業模型。

這類受人民力量驅動的變革——大如阻止SOPA和PIPA的努力，或小如允許優博公司在美國首都為用戶提供服務、艾瑞歐公司讓紐約的電視觀眾更容易收到訊號等——之所以會發生，全都是因為忍者創新者的作品（多半在幕後默默運作）所促成。他們讓我們得以避開政府和媒體的過濾器——這些過濾器通常只為維持現狀的人而戰——發起一場資訊及網路革命。

點燃一場創新運動

創新已對我們的文化產生極深遠的影響，甚至衍生了屬於它專屬的政治及社會層面的黨派：也就是一般所知道的「創新運動」（Innovation Movement）。

根據消費電子協會委託佐格比國際公司（Zogby International）所做的一份調查顯示，大約只有13％的美國人相信美國未來十年內能保住世界創新領導者的地位，有超過三分之一的人甚至預期美國將被中國超越。這個結果讓我們從二〇〇九年開辦創新運動網（DeclareInnovation.com）。

這個宣揚創新運動的網站的基礎是建立在「如果美國人想要強盛的經濟，就必須通力合作，捍衛、復興並推廣創新及創業精神」的認知上。幾乎有四分之三的美國人表示，創造與建立企業的創業家是驅動今日創新的原動力，只有5%認為應該將創新歸功於制訂支出和稅賦決策的政策制訂者。

創新運動的目標是要改變失敗的經濟復興方法，因為美國人長期使用這個方法後，成效並不顯著，而且反而經常將企業及創業精神妖魔化，甚至變得偏好由政府中央集權控制。政府不斷掏錢紓困失敗的企業（這種作為導致官方可投入創新企業的資金遭到排擠）早已讓人民對壁壘分明的兩黨政治人物心生不滿。人民漸漸發現，專橫傲慢的法規只會鼓勵企業去投資美國境外的工作機會，而不是創造境內工作機會。美國公民漸漸認知到，如果我們不鼓勵世界上最優秀、最聰明的人加入我們的行列，他們最終將會到其他國家去創新。

如果**美國希望保有全球經濟的領導地位，就必須落實能夠鼓勵創新、創造力與新點子的國家政策**。我們必須投資科技創新，並創造一個能讓創業家挑戰、改良並強化美國社會的環境。創業精神加上科技創新，將逐漸治癒全球經濟，領導我們走出經濟蕭條。不過，一如忍者創新者出面拯救我們，我們也必須出面拯救他們。

創新運動是由一般美國人、商業人士和願意揚棄傳統黨派標籤的兩黨行動主義份子組成，其中，這些兩黨政治人物拒絕參與左右兩派的黨派之爭，另外以創新精神為號召而團結在一起，因為他們知道，創新精神將能拯救美國經濟，並讓我們的國家奪回應有的地位，再次成為世界上最具生產力且最繁榮的國家。

到目前為止，創新運動已吸引超過二十萬名成員加入，包括積極的創業家和創新者，或是天天使用相關產品的消費者，他們的人生全都深受消費電子產業影響。這場草根性濃厚的運動希望超越黨派政治的藩籬，在國際貿易、移民政策、削減赤字、寬頻配置或其他直接影響美國人創新能力的大量議題上，時而和共和黨一個鼻孔出氣，時而和民主黨站在同一陣線。

創新運動的中心原則之一是，**如果美國人民能自由選擇自己的點子並追求自己的機會，就能讓美國經濟起死回生並轉趨強盛**。

誠如我們在 SOPA 和 PIPA 的爭議過程中所見，真正的變革來自所有公民，當人民透過少數特定人意圖打壓的創新產品或服務彼此互通訊息，並團結在一起向當局發出不平之鳴，就能產生真正的變革力量。

過去與當今的忍者創新者不屈不撓的努力，讓我們擁有很多能幫助我們完成工作的工具。所以，身為忍者軍團的一員，我們也必須珍惜並緊緊把握他們賦予我們的機會。

拾

影武者

奇襲的競爭行動

The Shadow Warrior

這種創新會讓競爭者感到徹底驚訝、能迅速擄獲顧客青睞，而且在競爭者還來不及採取完整的回應行動以前，它就已取得支配性的市場佔有率。這種創新聽起來令人興奮到毛骨悚然。

討論了那麼多，真不敢相信我們還沒說明一項讓忍者武士顯得特別不一樣的技藝：**秘密行動**。

誠如二十世紀一名日本歷史學家所描述：「所謂的忍術技巧⋯⋯目標是為了要讓對手不知道忍者的存在，而要做到這一點，必須通過特殊的訓練。」這就是指隱藏、看似消失、出其不意的能力，也是忍者和其他武士及其他武術戰鬥者不同之處。

根據我學習跆拳道的經驗，我學會如何出拳、阻擋、踢腳、平衡和如何使用謀略，但卻一直不知道要怎麼在別人看不見的情況下移動。

不過，經過那麼久遠的年代，如今的我們之所以對忍者津津樂道，並對他們有一點粗淺的認識，關鍵卻在於這項令人好奇的技藝。就算你對這些遠古的武士一無所知，至少也知道他們總是秘密行動——要不然穿那一身黑色勁裝要做什麼？

事實上，忍者不可能穿上好萊塢想像中的那種全黑裝束。此外，忍者的秘密行動技巧並不完全是在隱匿的狀態下進行。很多文獻描述忍者是在敵人視線下執行任務，只不過是喬裝成其他人，或穿著具保護色的服裝。所以儘管忍者秘密行動的技巧包括隱匿，但也包括欺敵之術——例如讓對手無法看出其詭計之類的。

根據軍事政治詐術權威之一巴頓・華利（Barton Whaley）的說法，每一個詐術都是由掩飾和偽裝組成。掩飾是指隱蔽、隱藏或至少模糊事實，而偽裝則是公然呈現不實景象。日本封建時代的忍者全都非常精於掩飾和偽裝。不管是利用掩飾或偽裝術，敵人總是要等到為時已晚，才會察覺忍者就在他們身邊。關於這類秘密行動，我最喜歡的兩個例子都和我平日的焦點——民間企業和應用科技創新——不太有關。

昨日行得通的創新，今日不見得

第一個例子是發生在約末七十年前，它終結了第二次世界大戰，而且永久改變了整個世界。這是和原子彈開發有關的驚人故事。

一九四二年至四五年間，美國軍隊、文職機構的科學家、工程師和很多工業界公司投入了前所未見的努力在這項代號編為「曼哈頓計畫」的專案。這項專案的據點散佈在美國各地，最終更雇用了超過十萬個人，因為這項大型專案必須將很多不同的創新，如基礎科學、應用科技、工業製程和航空學全部整合在一起。每個據點都需要極端高度的保全和保密性，不過，最能展現忍者掩飾和偽裝能力的，是其中兩個主要據點，這兩個據點被隱匿得非常好。

主要的科學研究據點位於新墨西哥州荒涼且偏遠的沙漠城鎮洛斯阿拉瑪斯（Los Alamas），在歐本海默（Robert Oppenheimer）的領軍下，相關人員在破記錄的短暫時間內，從零到有地建造了一個佔地5萬4千英畝的小城市，當地的房屋足夠讓大約6千名科學家入住。主要的軍事據點也位於一樣荒涼且偏遠的小鎮，那是猷他州的溫多弗鎮（Wndover），它是世界上最大的槍枝及炸彈試射場，佔地約180萬英畝，有2萬5千名空軍弟兄在美國空軍最有成就的兩名軍官領導下，駐守在此地。這兩位軍官分別是負責轟炸任務的保羅·帝貝特（Paul Tibbet）上校，還有負責主持基地運作和炸彈彈道測試的克里福特·赫夫林（Clifford Heflin）上校。

舉個例子，要飛往最靠近洛斯阿拉瑪斯和溫多弗空軍航空站的所有航班，總是會先降落在途中的其他軍事航空站，接下來再繼續飛向原本的目的地，這是為了避免任何飛行計畫洩漏了這兩個據點之間的直接關聯性。

儘管後來我們發現蘇聯（當時是美國盟友，但卻是時時令人感到芒刺在背的盟友）的間諜竊取了美國人在洛斯阿拉瑪斯的核武技術，而且蘇聯還在四年後測試了他們的第一顆炸彈，但美國在戰時的主要敵人德國和日本，卻根本不知道這些據點的存在，遑論滲透進去。

事實上，由於這項專案的各個層面都是在高度機密的狀態下進行，而且各個層面全都彼此獨立，所以，幾乎所有高階軍事及文官都不知道整個專案的最後目的是什麼。連杜魯門副總統都一直到一九四五年4月就任總統後，才知道這個專案的存在，那時距離投擲炸彈只差短短四個月。

曼哈頓計畫是個嚴肅的成功故事，而我最喜愛的另一個秘密行動案例，就比較輕鬆一點，而且有點好玩。一九六〇年代初期，華德·迪士尼要求公司秘密購入佛羅里達中部佔地47平方英里的一大片沼澤地，在這裡，唯一能看見人類生命跡象的地點是附近一個沈睡的城鎮：奧蘭多。

迪士尼先生的第一個遊樂園專案——加州安納罕（Anaheim）迪士尼樂園開張不久，就迅速被眾多其他想分食迪士尼樂園一杯羹的企業包圍，因為到樂園花錢的遊客實在太可觀了，但這也讓迪士尼樂園因此隱沒在那些企業之中。這個現象讓迪士尼先生非常震驚且沮喪，所以，迪士尼發誓在建造另一座遊樂以前，一定要設法確保設園地點是只屬於迪士尼樂園的「世界」。而且，他和他極具商業頭腦的哥哥羅伊也知道，絕對不能讓土地投機客事先知道他的計畫，否則他們就會以過於離譜的價格來敲詐想要購地的迪士尼，這麼一來，它就買不到地點優越但便宜的精選地皮了。

於是，迪士尼採用一個非常小的團隊，成立許多空殼公司來購買一些沒有用的土地，等到《奧蘭多前哨報》（Orlando Sentinel）聽到一點風聲時，為時已晚。迪士尼已成功買到足夠在新園區周遭建構緩衝設施的土地，而他也為這片土地取了一個非常適合的名稱：華德迪士尼世界。最早的幾項遊樂設施在一九七一年開幕，這讓該地區出現了爆炸性的成長，更讓一度沈睡的奧蘭多成為目前美國境內最多人造訪的觀光勝地。

我個人認為曼哈頓計畫和迪士尼世界是最經典的「秘密創新」（stealth innovation）故事，我稍後馬上就會解釋什麼叫秘密創新。不過，我選擇先述說這兩個故事的原因是，我認為如果是今天，這兩個專案就不會那麼成功。

因為在現今的世界，人與人的溝通變得非常即時且隨處可發生，所謂的「偏遠地區」也變得愈來愈少，再者，一般人似乎也不像以前那麼嚴守忠誠及道德標準，所以，如此大規模的秘密行動一定多少會走漏風聲。總之，我認為企圖進行最高度的秘密創新，你得承擔的風險將不亞於可能獲得的機會。

換言之，儘管秘密行動是忍者技藝裡的關鍵要素，但我認為它並不是今日成功創新的絕對關鍵。

今日能成功的創新，未來不見得能成功

我假設每個人類組織都擁有某種秘密，但並非每個組織都想創新。所以，我們應該如何了解並辨別什麼是「秘密創新」？首先，我們必須先定義什麼叫創新，過去二十年間，有幾位思想家一直試圖分析「創新」的意義，最早開始的是哈佛商學院的克里斯汀森（Clayton Christensen）教授。讓我們回顧一下我在本書〈開場〉一節中提到的三種主要商業創新：

- **進化**：在成熟市場中，競爭者和顧客大致上都預期到會發生的一種改良。
- **革命**：在成熟市場中，競爭者和顧客大致上不預期會發生的一種改良。
- **破壞**：顧客和競爭者都沒有預期到的一種改良，它能滿足一組新的顧客價值，最後還能創造出一個讓競爭者急著想要了解並順應其中的新市場。這才是值得秘密發展的創新。

創新有可能屬於上述各種不同種類。舉個例子，儘管目前看起來，更快速的電腦晶片只能算是一種進化，但我必須說，第一顆電腦晶片絕對具有破壞力。

了解這幾種創新的差異後，我要說：「秘密創新」就是指**一家企業以一個非預期的創新獲得了競爭優勢，進而創造一個新市場或一個重要的新市場區隔，並改變了整個產業的創新發展焦點。**

在這些罕見的案例中，秘密行動是最高優先原則，因為你想要成為帶頭「破壞」的領導者，不想成為它的受害者。但你必須了解創新和秘密行動之間的關係：是創新讓你有了秘密行動的需要，而非唯有秘密行動才能創新。每次創新都採取秘密行動的缺點很多。

意料外且不受歡迎

投入消費電子產業的三十年間，我親眼目睹世上最多變且最創新的產業之一的爆炸性成長及變化，過程中，我也經常深思其中的意義。

我認為，如果不受錯誤的政府規定和法規限制，多數產業都會出現一些才華過人的商人來領導創新，並找尋一些能更善加服務現有顧客並創造新顧客的新方法。如果這項創新開始實現了某些市場成就——例如顧客選擇這項創新，而非其他競爭產品——某些競爭者將會設法迎頭趕上這項創新或超越它，但也有些競爭者會跟不上腳步，並轉而訴諸其他市場，或是就此逐漸淡出。創造性破壞讓商業災難週而復始地不斷發生，但在最佳環境下，創新會引來更多創新，而顧客和產業整體也都會受惠。

當然，在創新產業裡，每個競爭者都可能面臨的共同危險是，儘管大致上人們會預期到創新的發生，但卻不容易預測到它何時發生，也不知道最後的創新究竟是什麼模樣，當然也就不容易事先做好因應的準備，尤其是在快速變遷的科技產業。創新永遠不會休止，不過，唯有在允許企業自由興盛發展的領域，創新者才可能成長茁壯，也唯有在這樣的領域，創新的速度和影響力也才可能上升。請回想一下先前描述黑膠唱片或VCR的支配地位等內容。這兩者都佔據主導地位幾十年，但最後還是被更好的技術取代。所以，現在沒有人敢說今日多數的電子裝置和平台能存活到二〇二〇年以後。

即使很多極端聰明的人都努力思考這個市場的未來，但還是不斷出現完全意料外的創新。有時候，**一個創新之所以讓人感到意外，是因為每個人都暫時把焦點轉向其他領域，有時候，則因為它是一個意料外、機緣巧合的技術發現所促成，但也有時候卻只是因為一般人不夠留意它。**

不過，**有些創新會讓人感到意外，則是因為它被蓄意隱匿，以致於每個人都輕忽到它的存在，直到它問世後，大家才恍然大悟**。這種意料外的創新不常發生，不過，很多人卻常談論那種開發策略，甚至為它取了一個特別的綽號：「秘密行動狀態。」

遺憾的是，很多人所謂的秘密行動創新，其實是指一個特別的策略：和這項創新有關的一切，都等到它被推出市場後才揭露。照理說，這種創新會讓競爭者感到徹底驚訝、能迅速擄獲顧客青睞，而且在競爭者還來不及採取完整的回應行動以前，它就已取得支配性的市場佔有率。

這種創新聽起來令人興奮到毛骨悚然，但以我個人的經驗來說，這個戰術非常難，風險很高，而且很罕見，所以，我將試圖提出一個更平衡的觀點。

現在不洩漏，就代表永遠不會洩漏嗎？

不容否認的，對某些大型企業和政府機關來說，秘密行動專案和計畫相對容易推動，也較容易成功，這一點不容置疑。但我相信，在當今這個時代，美國政府根本不能長期對諸如曼哈頓計畫這類大規模專案守口如瓶，遑論民間企業。

企業極端難以進行所謂秘密行動的原因是，所有值得秘密進行的創新，本來就牽涉到非常多變動因子，更別說有多少難以抗拒的動機，會讓參與其中的人想走漏機密訊息。

不過，儘管難以做到徹底秘密行動，每個產業還是需要某種程度的保密和機密性，從生產設施到太平間，從高科技到無科技產業皆然，因為每家企業或多或少都會有一些機密資訊。而且，由於企業間諜已成為威脅眾多企業的迫切問題，因此，徹底且有效保護秘密資訊已是刻不容緩的任務。

但在此同時，我也相信多數創新流程都難免會存在一些裂縫，其中，導致資訊走漏的有可能是粗心的員工，也可能是有弱點的通訊系統，另外，在對潛在顧客進行初期市場調查時，對方也可能揣測到創新的可能方向。

此外，每種不同的創新都可能面臨其他獨特的安全挑戰。舉個例子，就技術開發（解決問題的基礎科學應用）來說，唯有願意開放心胸接受相反意見，技術開發才可能欣欣向榮，但我們很難在同一家企業蒐集到完全相反的意見。

相似的，新產品、新服務、新設計，甚至新商業模型，都可能需要外部供應商參與才能徹底實現，而且供應商甚至可能必須在開發初期（而非晚期）介入。事實上，就算一家企業可能完全靠自身的力量推動某個創新流程，但參與的科學家、工程師、行銷人員和高階主管還是難免會離職，其中任何一個人都有可能無視於保密協定，帶著他們所學到的東西離開。

就這部份而言，我想大膽提出一個和蘋果公司創新流程有關的警告性評論。蘋果公司的創新流程堪稱科技產業之最，根據華特・艾薩克森最近出版的《賈伯斯傳》，蘋果公司內部顯然真的有一個最高機密室，這間密室使用著色的玻璃、有一扇厚重的大門，還有兩名警衛看守。負責主持這個辦公室的是強納森・艾夫（Johnthan Ive），他是蘋果公司負責工業設計業務的資深副總，向來表現優異。他手上掌握了長達好幾年的潛在新產品推出時程，賈伯斯個人也親自參與過這些產品的開發。不過，我經常閱讀蘋果公司的年報，最近我注意到其中一項聲明：

「本公司的商業策略是善加利用**獨特**（原文強調）的能力來設計及開發自家的作業系統、硬體、應用程式和服務，以便為本公司顧客提供超級容易使用、可無縫整合與創新設計的新產品及解決方案。」

二〇一二年時，艾夫在一次接受訪問時，詳盡說明了蘋果公司的創新流程，他說：「我們試圖開發看似從某方面來看都不得不然的產品，也就是那種會讓你感覺『那是唯一合理的可能解決方案』的產品。」這時，我突然恍然大悟，原來這個「不得不然的感覺」，就是蘋果公司成功秘密裡的重要配方，但我還是忍不住想，那個配方會不會每天都到外面透透氣？事實上，二〇一〇年時，原本理當處於保密狀態下的 iPhone 4 被人遺忘在一家酒吧，雖然它被「喬裝」得和前一款產品一模一樣。但這個喬裝術並未得逞。

無論如何，基於以上所述種種理由，我不太相信有任何創新可能在正式發表前保持徹底秘密行動的狀態，但在發表後的幾天、幾星期或甚至幾個月內徹底擊潰競爭者。不過，我還是認為有一些創新能在較溫和的秘密行動模式下完成，包括新產品、服務和商業模型的創新。這種可能性太過廣泛，以致於難以分門別類，但接下來我會提出一些例子。

亞馬遜：再一次秘密創新

我在先前很多章節盛讚過貝佐斯和亞馬遜的事蹟，能稱讚的早已稱讚過了，不過，一點也不令人意外的，就在我寫到此處時，亞馬遜正積極從事一種我所謂的「半秘密」創新。根據倫敦《金融時報》的一篇報導，亞馬遜正穩步擴張它在美國的倉儲網，目的是為了在大型市場附近儲存足夠的產品，以便實現同日到貨的服務。我認為這是一個半秘密的發展，原因是，在撰寫本書時，我根本沒聽到該公司針對這樣一個策略發表任何正式的公告。儘管這篇報導引述亞馬遜競爭者的說法指出：「亞馬遜的業務模型已經從一個在多數州都沒有實體營運處所的遠端銷售者，變成一家在很多地點都有實體營運據點——透過配銷中心和送貨置物櫃——的企業。」

為何我會覺得這個新聞特別適合用來作為秘密行動的例子？因為亞馬遜的競爭者——及當前所有電子商務廠商——似乎一直被困在一個恆久不變的等待模式，他們一直在等著看亞馬遜接下來要做什麼，等到答案揭曉後，再紛紛起而效尤。

亞馬遜 Amazon Prime（讓用戶可以獲得更多折扣且迅速收到貨品的訂購服務）的開發，迫使其他電子商務廠商接受隔天到貨的模式。如今所有電子商務廠商都因亞馬遜而不得不面對消費者的質疑：「為什麼你們不能隔天到貨？亞馬遜就可以。」就最低程度而言，這會讓競爭者感到很沮喪。

而《金融時報》這篇報導，讓競爭者不得不再一次冒險採取跟進的行動，因為看起來亞馬遜似乎可能介入非預訂隔天到貨模型，當然，這絕對讓競爭者的壓力進一步上升。因為就在眾多電子商務零售商剛完成貴賓（VIP）隔天到貨的配套措施之際，亞馬遜卻再次超越它們，在全球力拚「同日到貨」模式。記住，**秘密行動不僅是要隱藏住某些東西，而是要讓競爭者猜不透你的真正動向**。

套一部極具代表性的電影裡的形容詞：亞馬遜是美國及世界的多色馬，它敏捷地展示它的每個顏色，而且幾乎每次都很成功。然而，當我在撰寫本書時，還是有人不斷質疑，亞馬遜一次進行那麼多面向的創新，相關的成本可能導致它無法維持穩定的利潤。無論如何，我不是個投資顧問，所以不想憑空臆測那個可能性。

行動狂熱

在生意盎然的科技產業中，很多產業都有長達數十年的故事可述說，包括成長、緊縮、收購、業務被剝奪、勝利、失敗和經營階層旋風式改革等不同的故事。

不過，我個人認為，行動電話的發展史最適合用來闡述秘密創新的重複性影響。談到行動電話，不能不從消費電子協會最老資格的兩個會員說起，它們是「美國電話電報公司」（AT&T）和摩托羅拉。儘管世界上第一支「行動」電話實際上是一九四六年推出——那是一支安裝在汽車後座的電話。但我傾向於認為，摩托羅拉公司在一九七三年製造的第一隻手持行動電話，才是真正的行動電話。該公司和 AT&T 的「貝爾實驗室」一直都進行著一場秘密開發競賽；儘管就技術層次來說，摩托羅拉的這項突破確實非常令人興奮，但就商業層面來說，它卻進退維谷，因為行動電話當然要有無線網路才能運作，而當時無線網路極為匱乏。

接著，一九八〇年代發生的兩個重大事件真正開啟了手機市場：美國司法部限制AT&T只能經營長途電話業務，同時還拆散這家公司，將它的地方性電話業務予以剝奪，分別由七家獨立的公司接收，那些公司被暱稱為「貝爾寶貝」（Baby Bells）；而幾乎就在同一時刻，「聯邦通訊委員會」限制一個城市只能有兩家無線網路提供者，於是，每一家貝爾寶貝就順理成章地取得其所在區域各個城市的一張執照。

接下來，貝爾寶貝們（及其他非貝爾體系的地方性電話公司）開始有誘因建設它們的網路，最後逐步建構了一個真正的全國性系統。這整個發展過程一團混亂，而且必須進行很多秘密的算計。就這樣，今日的行動通訊系統逐漸成形。

此外，幾乎一成立就隸屬某個壟斷組織的一員的貝爾寶貝們，也還在學習如何才能在一個日益競爭的市場裡，成功管理這些半新不舊的公司。要鼓勵那些最高經營階層忘卻壟斷時期的好日子，學習如何在這個驚悚的競爭世界裡生存，的確需要一點手腕和技巧——有些人可能會稱之為秘技。這就是壟斷經營者的死板「想法」。

最後，經過非常多策略及營運動盪後，這些網路終於逐漸成長到足以讓用戶方便使用的行動電話服務，不久，市場也終於真正開始起飛。行動裝置亦步亦趨地跟著無線網路的進化（從第一代〔1G〕的類比行動技術，到所謂2G的數位行動技術，再到稱為3G的行動寬頻數據，以及所謂4G的行動超寬頻網路存取等，呃……，我不會想預測接下來會是什麼，但我敢肯定，不管是什麼，都會讓人非常興奮），逐步演化為今日的智慧型手機。隨著科技持續推進，幾家曾隸屬老 AT ＆T 一環的企業，又被重新收購，而且在這個過程中，它們可能也重新獲得一開始就不該予以拆散的營運效率。至於其他變化，儘管美國的電話機幾乎有一度全是 AT ＆T 製造，但現在已有十幾家行動電話製造商，包括摩托羅拉行動公司（Motorola Mobility）。而且，二〇一二年年初，介入市場僅短短五年的蘋果公司，更成為世界第三大手機製造商。

回顧過往，我特別喜歡這個故事的原因之一是，它告訴我們，秘密創新的精神不應該只侷限在產品、服務和商業模型的開發，在合併與收購時，它可能會派得上用場，而且我們也可以用這個精神，適度地教育較老世代的人，讓他們了解什麼叫新科技現實。這一路上，我們的無線網路（儘管未臻理想）井然有序地持續成長，而實現這一切的，是眾人辛苦的努力和各種秘密行動。

秘密行動的新創企業

處於草創階段的企業總是會面臨一些和秘密行動模式互相抵觸的特殊業務發展問題。舉個例子，秘密行動模式因為保密的緣故，所以如果一個沒有名氣的新公司選擇秘密行動模式，它將比較難吸引到高階員工和策略伙伴、難以安排測試及推薦顧客、難以取得專業來源的資金（天使投資人、創投公司和企業創投基金），而且難以建立潛在的必要網路。而且根據我最近的觀察，現在新創企業似乎不像以前那麼喜歡秘密行動模式。無論如何，我先前曾聽到一個和全美達公司（Transmeta）有關的故事，對採取秘密行動模式的新創企業來說，這個故事似乎同時隱含一些正面和負面教誨。

全美達大約是在一九八五年時成立，成立後，它便著手開發一種低耗電的電腦處理晶片。直到一九九七年年中，它多半都維持秘密作業的狀態。後來，它成立一個網站，但網站上只寫著一段簡短聲明：「網站尚未就緒。」這在新創企業圈子造成一陣騷動，而且顯然讓全美達獲得更多專注，儘管他們的技術幾乎尚未發表。一九九九年11月時，該公司在它的極簡網站中，張貼了另一條訊息，這則訊息比前一則長很多：

「沒錯，我們有一個秘密訊息，這個秘密訊息就是：一直以來，全美達都對未來的計畫三緘其口，除非已經有某種東西可以對世界展示，否則我們將一直秉持這個政策。二〇〇〇年1月19日，全美達將發表並展示Crusoe處理器的功能。

屆時，所有細節都將公布在這個網站，供所有網友參考。Crusoe將是個勁酷的行動應用硬體及軟體。Crusoe將突破傳統，也因如此，我們才會提前通知各位記得在1月時前來看看完整的網站，這樣就能了解全盤狀況，並及時取得所有實際的細節。」

我不是電腦晶片的專家，不過，全美達的這份聲明顯然是承諾要推出某個極可能非常特殊的產品，因為就在那個訊息於二〇〇〇年1月發佈後短短五個月內，它就募集到8千8百萬美元的私募資金，集資完成七個月後（也就是發表晶片後一年），全美達更以2.73億美元的價值公開掛牌，儘管它前一年的營收只有5百萬美元。看起來，該公司維持秘密行動狀態的策略，似乎讓它獲得很好的回報。不過，故事並未就此結束。

從那時開始，情況變得很複雜，所以我就長話短說：事後證明全美達的晶片並不像期望中那麼好，而且，該公司一直都沒有真正賺過錢；後來，該公司重整為一家專門銷售技術給其他晶片製造商的智慧財產公司。到二〇〇八年年底時，全美達被一家名叫諾瓦佛拉（Novafora）的數位視訊處理器公司收購。二〇〇九年年初，全美達的專利組合又被一家智慧財產權公司收購，而諾瓦佛拉則在同年7月關門大吉。我懷疑前五年採用秘密行動的作法，是讓全美達陷入困境的原因之一（例如，它是否有和外部專家共同充分診斷它的技術？），但真正的原因實在不得而知。

最終來說，全美達透過秘密行動的技巧而獲得很大的利益，但卻也因此嚴重受創。如果那顆晶片的效能真的像廣告活動所宣稱得那麼好，那說不定有一天，全美達會超越英特爾，成為業界的晶片製造龍頭，並獲得世人的讚賞。不過，全美達似乎悲哀地誤以為「秘密行動」的策略足以取代優異的產品。誠如我先前提到過的，如果想用「秘密行動」來包裝自己的創新，那先決條件必然是：**那個創新絕對必須是顧客所無法抗拒的。**

不過，相較於很多其他執著於秘密行動的企業，全美達其實還算是相當成功的，我最近偶然間看到一家默默無聞的公司所發佈的一篇新聞稿，我對它的技術完全摸不著頭緒。然而，從那篇新聞稿似乎可明顯看出一個缺點：過度偏執於「秘密行動」的包裝，但卻讓人無法明確思考它要創新什麼，這導致他們無法向重要顧客群及支持者傳達明確的訊息。我不會公開那家公司的名稱，不過，我將那篇新聞稿彙整為我認為比較容易閱讀的公告模式：

- 標題：「某某公司」走出秘密行動模式。
- 這項產品已經開發了十八個月，且「是在一系列創業家、技術人員和共同創辦人投入了非常多研發努力後完成。」
- 「這項產品讓用戶得以混搭所有來源的數據，進而分析這些數據、製作特別的報告、發表動態資訊儀表版（dashboard），讓利害關係人得以共同合作，制訂明智的決策。」
- 「這項投資案一直保持秘密進行的狀態，直到這個星期，（執行長）獲得一批足以迅速擴張（公司）及其市場範圍的天使資金。」
- 我們被賦予非常複雜的挑戰，我們必須創新一個能供任何人使用的雲端分析解決方案，而且必須在三十天內完成這個任務、這個方案必須是每個人都買得起的，但又能為大型數據進行擴充：（所以我們）必須採用一個激進的方法來設計一套創新的即時分析技術，它將能支援大量數據的混搭（包括所有來源的數據）、對特別的疑問提供即時回應，同時在「標準化商用硬體」中進行大規模的水平擴充。

以上就是該公司溝通團隊選擇在新聞稿中強調的內容，非科技背景的讀者（包括潛在投資者）多半得讀到最後兩段文字，才終於搞懂這家公司在做些什麼：

「目前企業無論大小，都活在一個充斥大量資訊的世界，周遭有各式各樣的競爭者，因此，唯有能在最快的時間內釐清各種混搭數據的意義，才能成為眾多企業裡的贏家……，現在不只是大型企業要做分析，小型企業也必須分析數據…對企業來說，當務之急就是要實施一套以多項衡量指標為基礎的管理系統，如此才能根據有意義且攸關的數據，制訂積極進取的策略。

「本公司透過一個隨插即用的分析解決方案，提供相關的平台及基礎，所以，用戶可以在很短的時間內開始執行這項解決方案，它耗費的成本也很低…對所有想要善加管理績效並透過商業分析來優化營運的組織、部門或分析師來說，這個解決方式都是理想的選擇。」

搞了半天，我們最後終於搞懂這家公司想要解決的問題是什麼，還有，為何它的創新可能為顧客提供比競爭解決方案更高的獨特價值。

當然，我並不是要評斷這家公司、它的整體團隊或其創新的好壞。我只是想要提醒一點，我個人認為，此新聞稿的擬稿人認為整篇稿子的重點應該強調該公司一直在從事秘密開發的活動；這個擬稿人顯然認為他的主要讀者將是分析部門的員工，而不是其他重要的顧客如財務高階主管及潛在投資者；而且，擬稿人似乎以為，一旦外界了解該公司一直保持秘密行動，就會對它肅然起敬；……缺點太多，不及備載。

我感覺這個擬稿人對於有機會向外界報告該公司一直保持秘密行動狀態，以及該公司產品可以做到什麼奇妙的事等，似乎有點興奮過頭了，以致於他顯然忘記應該用精簡的方式來推銷該公司的產品。其實，他應該用一段簡短的聲明來解釋為何它的產品「不可或缺」，這樣就已足夠，就像林肯對一個演講者的形容，「我從未遇過能把那麼多字濃縮成如此簡短概念的人。」

究竟要不要採取秘密行動？

任何一個古代忍者都必須擁有秘密行動的能力，因為對他們來說，這是一種必要的技巧。一個忍者能不能被定位為優秀的武士，關鍵就在於他是否有能力秘密行動。

不過，我寫這一章的目的是要說明，秘密狀態的開發活動雖然可能有其價值可言，但卻非常難以落實，所以，對現代忍者創新者來說，秘密行動並不是一項必要的技巧，它甚至可能讓你不慎落入陷阱。

秘密行動代表某種型態的保密，但並不是所有適當的保密行為都需要秘密進行，而且，不是所有創新都能因秘密行動而受惠。此外，儘管我沒有實證數據可資佐證，但我相信，最成功的創新者和最成功的忍者一樣，都會發展出靈敏的第六感，有了這種直覺，你就會了解什麼程度的保密和秘密行動，將能促成最佳成果，而所謂最佳成果當然就是指比競爭者更成功。換言之，成功的忍者創新者都知道，一項產品是否夠創新，幾乎全部取決於它的推出是否切合時宜。

成功的忍者創新者都知道，一項產品是否夠創新，幾乎全部取決於它的推出是否切合時宜。

你也許有注意到，我並不建議你依賴美國的專利制度來作為保密和秘密行動的替代方案（或強大的備變方案），首先，因為我不是個專利律師，也不是個專利專家，不過，我愈來愈擔心我們的制度正逐漸弱化，甚至已經遭到嚴重破壞。

說得更明確一點，我當然相信專利和專利應用可以產生堅實的保護作用，但我實在不知道一個人要如何在侵權者的挑戰及討價還價的情況（這些絕對都無法避免）發生前，事先確定專利的保護能力。也許我過份悲觀吧。

最後，我還是贊同彼得·杜拉克的觀點：**企業的主要目的是要創造顧客，而那個目標主要得靠優質的整體管理、行銷和創新來達成。**

顯然，他似乎沒那麼關心這些事是否在秘密狀態下進行。

結語

國際消費電子展CES的殺手級策略

Epilogue

我們可以不斷歌功頌德地吹噓消費電子展有多了不起，但除非潛在顧客了解為什麼這個展覽對他們很有幫助，否則他們一定會想：「那又怎樣？」

我是在一九九〇年至九一年的美國經濟衰退期間接下消費電子協會總裁的位置。

當時我立即面臨的挑戰是，我們最大的收入來源——消費電子展，也就是目前的國際消費電子展（CES）——的聲望正逐漸被電腦經銷商（COMDEX）專業展超越。

那時我向一個重要的董事會成員——已故的約翰・麥當勞（John McDonald，他當時擔任卡西歐的總裁）抱怨這件事，我對他說，在經濟衰退及COMDEX虎視眈眈的雙重不利局勢下接任協會執行長，時機實在很糟。但他用他向來令人愉快又極端有智慧的方式回答我：「蓋瑞，時機好的時候，連白癡都能當好舵手。但只有最有頭腦和最有勇氣的人，才有能力在艱困時期擔任領導人。」儘管這麼說，我還是不知道前方的道路有多艱困。

回顧當時，COMDEX似乎佔盡所有優勢：那兒有大量耳語、快速成長的資訊科技產業，非常多的成長企業與新企業，以及一群對自己的CODEX認證引以為傲的死忠電腦玩家支持者，還有一個極具創業精神的創辦人——傳奇人物謝爾登・阿德爾森（Sheldon Adelson，他創辦了威尼斯人酒店〔Venetian Hotel〕和金沙企業〔Sands Corporation〕，而且目前也還負責掌舵）。

更甚的是，COMDEX通常是在感恩節前舉辦，比在拉斯維加斯舉辦的CES早不到六十天。和很多產業一樣，在電子展的圈子裡，早辦絕對比晚辦好。

不過，COMDEX的老闆們卻不滿足於只展示資訊科技產品，所以，後來他們也仿效我們，開始招攬消費電子產品狂，並引誘我們最大的顧客和他們合作。其中某些公司開始表示COMDEX變得比我們重要，因為它的觀展者較多，而且動能比CES更強。

事實上，我們最大的參展者擴展了它在COMDEX的能見度，並縮小在CES的規模，理由很簡單，因為COMDEX吸引到的觀展者比較多。儘管他們只是一個消費者導向的展覽，而且大眾公開，而我們是只鎖定對消費電子產品有商業興趣的人的專業展，但這些全都不重要，因為在這場戰爭裡，數字才是最關鍵的。

當然，我們的挑戰不只是要打敗COMDEX；在當時那樣艱困的經濟環境下，還得擔心存亡的問題。所以，在一九九〇年代初期那幾年，我們發展出一個策略。我到目前為止都認為那是個殺手級的忍者策略，也許我會這麼想，是因為我們在帶領CES創造成長動能之際，我自己正好在研習跆拳道，為了晉級到不同顏色的腰帶（最終目標當然是黑帶）而接受很多的磨練。

但在討論我們做對了哪些事以前，應該先檢視我們做錯了什麼。我們必須先回頭話當年一下，談談整個發展的來龍去脈。

我們犯了不少錯

消費電子展最早是在一九六七年舉辦。在那之前，消費電子產品都只是美國的「全國音樂商展」（National Association of Music Merchants show）中的一環而已。不過，在我之前的總裁傑克．威曼（Jack Wayman）認為被埋沒在眾多樂器中的電視機、收音機和留聲機並未得到公平的對待，所以，他向協會的董事會徵詢是否能個別舉辦一場展覽。

董事會並沒有立刻同意，詹尼斯（Zenith）和美國無線電公司主張，專門為消費電子產品舉辦展覽，會讓索尼和松下等新的外國競爭者更容易進入美國的通路。不過，威曼力排眾議，而且，誠如我在本書前言中概略提及的，第一場消費電子展在那一年6月於曼哈頓市中心的亞美利加納及希爾頓飯店舉辦。

事後證明，傑克的直覺是正確的，當時有超過兩百家企業參展，而且據估有1萬7千名觀展者，對一場首度舉辦的活動來說，這樣的成果還不賴。接下來幾年，這場展覽迅速成長，一九七二年便轉往芝加哥舉行。從七三年開始，消費電子展便改為每半年舉辦一次，包括冬季消費電子展和夏季消費電子展，全都是在芝加哥舉行。

接著，一九七七年1月時，災難突然降臨。那一年冬天異常嚴寒，導致參觀者無法離開旅館到會場去。那個情況讓我們立即做出另一個激進但卻重大的決策：威曼和他的團隊決定把冬季展地點移往拉斯維加斯。不過，由於當地素有「罪惡城市」之稱，所以有些人擔心那裡並不適合舉辦商業活動。事後證明，這些反對者錯估了一點：從當時到現在，拉斯維加斯一直都是對商業非常友善的地點，因為它是世界上最重視遊客到訪經驗的城市。它向來以「讓訪客獲得兩至三天的美妙經驗」為目標。

當然，事實證明遷移到西岸舉辦展覽的成果確實非常棒。第一場在拉斯維加斯舉辦的冬季展，無論是觀展人數或展覽面積都增加一倍。從那時迄今，拉斯維加斯展的規模就一直穩定成長，但芝加哥夏季展的規模反而緩慢下降。一九九一年我接掌主導權時，拉斯維加斯展的重要性已經遠超過夏季展了。事實上，有一個機靈的記者形容芝加哥夏季展冷冷清清，雖然聽起來很不舒服，但卻是不爭的事實。

另外，芝加哥市也沒有給我們太多幫助。當地的工會很難相處，這導致很多參展廠商抱怨連連。例如，他們雖然付錢給電工，但電工卻經常站在那裡看著客戶自己安裝產品，這讓參展廠商非常不滿。何況工會收的運費（只是把參展產品來回運送到展場和建築物載貨碼頭）非常高。

另外，身為展覽主辦者的我們，也常為了工會問題而感到頭痛。舉個例子，光是要動用會議中心裡的劇場來舉辦一個小時的演講，就要花上六位數字的支出，更糟的是，一次還得動用好幾個工會。於是，很多參展廠商乾脆罔顧倫理道德，不正式參加芝加哥展，但卻偷渡般地在附近的旅館展出他們的產品，這樣就不用應付那些難纏的工會。

絕望之餘，我們要求工會和我們合作（我們的訴求是：幫助我們等於幫助你們自己）。毀了消費電子展對誰都沒好處，但工會卻一意孤行地往這個方向走。我要求他們放寬加班規定，以每週工時計薪（原本是每日工時計薪）——因為安裝和拆卸的時間都不長。但運貨卡車駕駛的頭頭小威廉「比利」．霍根（William 'Billy' Hogan Jr.）用典型的態度對我說，我企圖「搶走工會勞工嘴裡的食物」。我試著解釋我們可能無法繼續在芝加哥生存，如果不改變，到時候他們可能連一個工作機會也沒有。但無論我怎麼溝通，卻都徒勞無功（說個題外話，幾年後，我接到霍根來電，他要求我到一場審判裡去當他的品格證人〔character witness〕，但我禮貌性地拒絕了。）

為了維持這場展覽的攸關重要性，消費電子協會希望對大眾開放，這個想法後來變成具體的決策，而這是個很大的轉變，因為參展廠商早已習慣只應付到訪的企業高階主管。不過，多數參展企業卻也認為，這是向消費者展示產品的好機會，一般零售商根本沒有這樣的機會。

雖然要吸引一般消費者並不容易，教育參展廠商修改推銷辭令也是困難重重，但芝加哥展的觀展人數後來還是明顯增加。儘管如此，我們還是改變不了頑固的工會，他們的收費還是高到只能以「過份」來形容，再者，在拉斯維加斯舉辦冬季展的成本低很多，而且展場規模更大。回顧當時，向一般大眾開放芝加哥展，就好像幫一個已經被開膛破肚的傷患貼上ＯＫ繃一樣無濟於事。

但諷刺的是，專業展圈的所有人卻一致認為我們當時的決策非常具革命性。他們說消費電子協會正展開新一波的大眾專業展，並預測未來所有展覽應該都會都朝這個方向前進。這是趨勢問題，而且一如很多趨勢，它是錯的。

我們只是因為走投無路才不得已嘗試一點其他方法罷了。帳務紀錄騙不了人，即使我們擁有5萬個公開參加會員，而且每個參展廠商都成功把產品銷售給其中1%的顧客——那就代表有5百個消費者買你的產品——但收入和展出成本還是不成正比。

向夏季電子展告別

大約就在這時，我們做了另一個爛決定。當時電動遊戲市場正快速成長，儘管我們允許這些公司參展，但卻沒有努力和他們建立長遠的關係，這是個天大的錯誤。

由於有明顯的跡象顯示我們可能會失去這些客戶，所以我曾向董事會建議由協會出面設法幫助這個產業，但這個建議卻遭遇到嚴峻的阻力。事實上，我們最直言不諱的董事約翰·麥當勞當時甚至直言：「去他們的，」「他們會回來跪著求我們的。」我當時幾乎是哭著回答他，他們一年為我們創造1千萬美元的營收，若以十年來計算，即便他們不成長，也代表我們將失去1億美元的營收。

不過，在那天的董事會裡，我打了敗仗。但我的疑慮後來不幸成真，電動遊戲廠商最後選擇出走，舉辦他們自己的展覽：「電子娛樂博覽會」（Electronic Entertainment Expo，也就是E3），而且非常成功。

後來，芝加哥市堅持要在我們的展覽期間舉辦一場大型足球錦標賽，這件事導致我們和芝加哥的關係就此決裂。我們忍無可忍，顯然芝加哥的議員把我們視為理所當然，而且不僅是消費電子展遭受如此待遇，每個在芝加哥舉辦展覽的產業都一樣，被吃得死死的。於是，我們將夏季展搬到奧蘭多舉辦。不過，來的人很少，頂多是到奧蘭多高爾夫球場和主題樂園玩時，順便到展場繞繞而已。而且，儘管參展廠商覺得奧蘭多勞工的成本相對較低，而且較為友善，但夏季展的情況卻還是不妙。

我們甚至試圖將我們的展覽和COMDEX春季活動結合在一起（天啊，那是更大的災難）。這兩個展覽的企業文化彼此抵觸，而且儘管簽訂了詳盡的營收分享協議，雙方還是不斷鬥爭，爭論的議題包括共同的顧客如何拆帳，還有我們如何提報（或不提報）諸如參加人數及哪些人確定參展等事項。這件事讓我學會一個教訓，**合作伙伴之間要能「來電」，事情才有辦法推動**。更重要的是，兩個爛展覽結合在一起，並不會成為一場精彩的展覽。

從那次以後，我們乾脆停辦夏季展，另外在墨西哥開辦一場非常亮麗的活動，並以發展拉斯維加斯展為重心。

對我個人來說，停辦夏季展是個痛苦的決定。我覺得自己很失敗。我知道如果當初我能用不同的方式來處理，電動遊戲產業還是會繼續和我們合作。然而，這件事也讓我學到一個非常寶貴但看起來顯而易見的教訓：**一定要關注顧客的需要**。我們把電動遊戲業者視為理所當然，就像芝加哥把我們視為理所當然一樣。

我另外還學到一件事：**小心舊顧客變成你追求新顧客的阻力**。從那時候開始，我們董事會就從未（不像其他很多協會的董事會）以任何方式阻止我們爭取新的參展廠商加入。他們承認當產業持續成長，而且各個區隔都能發光發熱時，所有人都能受惠。

世界上最大的消費者：科技展

如今，創新的圈子因國際消費電子展而聚焦拉斯維加斯，因為這是世界上最大且最重要的消費性科技專業展。

每年有超過3千家企業在幾個洞穴般的展示大廳及旅館，對超過15萬名觀展者——包括記者、買家、投資人和潛在的企業合夥人——展出它們最棒的點子。每個參加國際消費電子展的人基於各種不同的理由，將他們寶貴的時間和金錢都投資在此。不管理由是什麼，他們的報酬絕對很可觀；這是賺錢的生意，而且是一場令人敬畏且啟發人心的未來展示場。

一群懷抱共同想法的人舟車勞頓、不遠千里地前來齊聚一堂，一起討論創新的活力、希望以及承諾。而他們之所以願意來這裡，是因為沒有任何其他聚眾場合能讓一家公司一次對5千名記者和分析師以及3萬多個國際商業訪客發表深度的現場演說。

然而，如果以每個觀展者來到CES所參加的商業會議數來計算，到這裡所花費的里程數，遠比他們到世界各地去開會的里程數少得多：每個觀展者平均參加12場展場會議，這代表CES的觀展者節省了超過7億英里的出差里程數。

他們來到這裡測試商業往來對象的勇氣、親自和他們握手、直視他們的雙眼，以便評估一家公司的產品是否和公開宣傳上說的一樣好。也許他們到此地的最重要原因是，「關係」對做生意非常重要，所以儘管網際網路已經能讓我們聯繫到世界各地的人，但人與人之間的關係卻難以完全藉由電子媒介來建立，畢竟見面三分情。

國際消費電子展及其他所有專業展之所以能那麼蓬勃發展，關鍵就在於這個「親自出席」的要件，這是需要用五種感官來感受的經驗。

有些人可能會嘲弄並不解為何在這個科技及網路時代，還有必要舉辦面對面的活動。但這種活動不僅存在，而且欣欣向榮，原因是，**人群、關係和第一手的印象非常重要。經由五種感官來進行的互動，能讓人產生宏大的觀點、獲得機緣巧合的發現、培養對他人的信任度，並讓人得以確實評估其他人和產品的價值，這全都是網際網路所不能及的。**

比爾．蓋茲曾告訴我，微軟之所以能有今天，都是拜消費電子展和 COMDEX 這類專業展之賜。事實上，每一家大公司剛開始也都是迫切需要有效吸引投資人、合作伙伴和顧客的小企業。什麼地方最能讓它們同時達成這三個目的？當然是專業展。

事實上，消費電子協會向來秉持一個基本營運原則：**只要有點子，任何人都應該能夠以便宜的方式，將這個點子呈現給潛在投資人、買家、合作伙伴和媒體**。專業展造就了很多企業和個人的職業生涯，而他們也因此得以改變我們的世界。

> **他們來到這裡測試商業往來對象的勇氣、親自和他們握手、直視他們的雙眼，以便評估一家公司的產品是否和公開宣傳上說的一樣好。**

各個產業族群的企業行銷高階主管其實全都深知專業展的價值。根據非營利的「美國展覽業研究中心基金會」（CEIR）最近所做的一份研究，99%接受調查的企業高階主管表示，專業展能創造其他行銷管道所缺乏的獨特價值。

企業高階主管了解專業展的重要性，因為這些展覽能驅動業務的成長。另一份由「牛津經濟研究院」（Oxford Economics）受委託在二〇一〇年所做的研究也發現，在美國最頂尖的展覽裡，參展者和觀展者平均完成了價值8千2百萬美元的企業對企業（B2B）交易。

美國的「企業對企業」展覽業非常活躍且經營良善，而且這種展覽為企業提供一個爭取市場的門戶。根據二〇一〇年CEIR展覽業普查文件，美國大約有9千個企業對企業的展覽。CEIR估計，有接近一百五十萬家企業在二〇一一年參展，還有大約6千萬人參觀。

在這個快速互聯的世界，專業展的力量和目的還是年年不斷擴大。**今日的專業展依舊是了解下一世代創新者、和他們互動，甚至和他們做生意的主要場合**，絕對不是過往的遺跡。

不過，並非每個專業展都能倖存。COMDEX已不復存在，經過一段沒落期，它被賣給了一群老闆，最後，他們重新將它設計為一個網路展場。為什麼會這樣？因為COMDEX犯了一些錯誤，而消費電子展則採用了一個殺手級策略。

為創新忍者們而生的專業展

我在一九九〇年至九一年經濟衰退期期間接掌消費電子協會後，那時芝加哥夏季展尚未停辦，我們和電玩遊戲廠商的關係尚未中斷，而且COMDEX也還很意氣風發。

當時我的任務是要先讓消費電子展活下來。不過，我內心深處還藏著一個更大的目標：讓消費電子展成為世界上最盛大且最受歡迎的消費性電子產品展。我知道我們需要一個足以和我個人雄心壯志相稱的策略，不過，我萬萬沒想到那個策略竟然融合了我在本書所描述的各種忍者創新者特質。所以，我將試著以這些忍者特質來重新說明那個策略：

(1)忍者遵守一套行為守則：誠實

這看起來似乎很簡單，不過，不管是從商或平日的生活，誠實都極端重要。即使誠實會令人痛苦，卻誠實絕對不會錯。誠實符合倫理、道德，當然也幾乎絕對是正確的。誠實也比較輕鬆，因為如果你誠實，就不需要刻意去記住誰知道什麼內幕，也不需要時時擔心事實什麼時候會被拆穿。

對我們來說，堅守誠實守則的過程中，最痛苦的步驟之一，就是改變以前的方式，精確報導參加國際消費電子展的人數，這是顧客衡量我們的績效的主要方法。

以前我們習慣以事前印製的展覽識別證數量來估計觀展人數，接著再假設有20％的人不會出席。多年來，我們想出一個公式：事先登記人數的80%，加上當場登記人數，就是實際觀展人數的精確估計值。

我們刻意採用那個非整數的數字，沒有經過四捨五入，以便顯得我們的估計值很精確。我們稱之為「實際觀展人數估計值」。儘管這樣並不算不誠實，但我們心知肚明，這種計算方式根本過度誇大消費電子展的觀展人數。

我一直對這種作法耿耿於懷，畢竟我也不想舉辦一場不受歡迎的專業展。但我還是覺得建立誠信度比受不受歡迎更重要。所以，為了取得更精確的數字，我們要求每個事前登記的人當場索取一個識別證套。這樣就能精準計算來到登記區索取識別證套和到場才登記觀展的人數各有多少。我們也採取一個非比尋常的行動來建立我們的誠信度：聘請外部獨立稽核人員來檢視我們聲稱有到場的人是否真的來觀展。

隔年，我們提報的觀展人數大幅下滑到令人不得不震驚。我們不再採用原來那個80%估計數，但結果卻發現，事先登記索取識別證的人當中，只有大約一半的人會實際來參觀展覽。那實在是驚濤駭浪的一段時期，沒有人知道下一步該怎麼做，而且大家為了是否要誠實發表這個數據（顯示觀展人數遠比前一年大幅降低）而爭辯不休。

我們當然知道觀展人並沒有減少，只是因為計算方式變得精準很多罷了。我因這個爭議而陷入一個道德兩難：**到底是要公布一個自己明知不正確的數字，還是要公布一個精準但卻比前一年大幅減少的觀展人數（這會顯得這場專業展的情況急速惡化）**？經過幾番辯論和思考，我決定應該秉持誠實與透明原則，只要清楚解釋為何會出現如此巨大差異就好。

當然，觀展人數大幅降低的訊息一發佈，馬上就引來媒體圈的猛烈抨擊。儘管我們試圖解釋那是因為我們改變了觀展人數計算方法，但媒體卻一致發表非常負面且辛辣的報導。連拉斯維加斯的計程車司機都耳聞我們的展覽規模大幅萎縮的新聞報導。

對我們來說，當時的情況既嚇人又滑稽，嚇人的部分是：負面的觀感威脅到這場展覽的動能，而滑稽的部分則是：我們明知實際觀展人數並沒有改變。

不過，選擇誠實卻也讓我們獲得足以登高一呼的誠信度：我們呼籲其他專業展也群起效尤，我甚至把它當成一個非實現不可的理想。

我敦促整個專業展產業改採獨立且誠實的觀展人數提報方式。的確，我總算是有一點影響力，很多展覽現在也採用稽核。如果這些活動想和其他媒體爭奪企業界的行銷預算，就必須採用客觀的觀展人數評估方式。

就客觀評估機構來說，廣播電視業者有亞比壯調查公司（Abitron）和尼爾森調查公司（Nielsen），雜誌和報紙有「發行量公信會」（Audit Bureau of Circulation），網際網路則有衡量網頁瀏覽數的 comScore 和谷歌分析網站（Google Analytics），那為什麼展覽活動不應該稽核觀展人數？

然而，即使到今天，多數美國展覽還是沒有進行稽核。因此，國際消費電子展仍舊比國內及國際競爭者多一項強大的優勢，因為我們獨立稽核展覽觀展人數，而競爭者並未這麼做。所以，如果有任何一個展覽宣稱自己的觀展人數非常多，請一定要抱持保留態度，尤其是歐洲的展覽，他們將每天到場的人都當成一個新的觀展人。

當然，一旦觀展人數持續增加，誠實就更是既鬆鬆又令人愉快的選擇。當數字下降，「據實以報」這件事就會變得很不輕鬆。然而，我依舊相信誠實是最好的對策。它讓你能用一致的方式來應對好的情況和壞的情況。誠實能建立信任，不需要因為騙人而耗費的許多能量，而且是符合道德標準的正確之道。

採用這個策略後，我們便迅速獲得回報。一九九八年時，COMDEX 最大參展公司ＩＢＭ宣布退出那個專案展，它還特別提到 COMDEX 沒有找獨立稽核公司來稽核觀展人數。誠如我說的，誠實也許會讓人痛苦，但卻絕對不是爛對策。

(2)忍者會把愛傳出去：己所欲，施於人

正因為 COMDEX 漠視且沒有善待它的顧客，讓消費電子展成為幸運的受惠者。COMDEX 展瓦解多年後，我曾在一場小組座談會中遇到它的一個前總裁，他承認他們不關心顧客。他說，COMDEX 只關心財務議題，包括如何盡可能透過展覽賺錢，說穿了，他們最後的目的是想把整個展覽高價轉售給其他人。

沒有任何顧客會希望自己受到惡意對待，而我們總是努力設法善待並關懷顧客。此外，多數參加消費電子展的大企業也是消費電子協會的成員，所以我們向來把它們奉為這個專業展的大老闆。

多年來，我們除了善待顧客，還昇華到更高的層次。當然，我們向來很有禮貌，而且會深入調查客戶需要，甚至努力維持和他們的個人關係和人脈。不過，我們從未因此而自滿，而是不斷嘗試做得更盡善盡美，就這部份而言，我是指進行大量的研究。我們會徵詢顧客的好惡，並設法取得他們對這個展覽的改善建議。

第二，我們採用一個銷售資料庫：Salesforce.com，它讓我們得以追蹤所有銷售窗口和每個顧客之間的往來紀錄。另外，我們也鼓勵銷售部門員工彼此稍事競爭。如果顧客三十天內沒有和既定的業務窗口接洽，那這個顧客就會成為眾人公平競爭的對象，其他業務人員可以和它們聯絡。

第三，我們並不採用過時的「說服」（telling）作業。誠如銷售專家及暢銷書作家傑佛瑞・基特摩（Jeffery Gitomer）所言，「一般人不喜歡被強迫推銷，但卻熱愛買東西。」如果你老是忙著說服顧客，他們不一定會相信你的說法，一切都要碰運氣。但如果你真的做到「銷售」（selling），就等於是讓客戶可以根據他自己的條件購物或投資。

「說服」通常也和偽善脫不了關係，在說服對方時，你一定會滿腔熱情地站在賣方的角度，不斷誇耀產品的價值，這麼做是假設你的產品對顧客有意義。也許你的出發點是良善的，但卻只做對一半。

換言之，除非對方知道這項產品對他們多有用，否則不會有人在乎它有多棒。有一個稱為「賣這枝筆給我」的古老銷售員技巧，其實就是指「請說明我為何需要這枝筆」。好了，別管什麼筆不筆了，重點在於是顧客的需要。

這個道理也適用於消費電子展。我們可以不斷歌功頌德地吹噓消費電子展有多了不起，但除非潛在顧客了解為什麼這個展覽對他們很有幫助，否則他們一定會想：「那又怎樣？」如果我們只是不斷說服對方相信我們和我們的產品有多棒，就還沒有資格對任何人銷售。

真正在銷售時，必須設法提出問題了解對方最重視什麼（**忍者永遠都不會停止蒐集資訊**），接著再以一系列攸關顧客的個人化特質和利益的方式來呈現你的產品。

要建立良好的關係，一定要先做好這件基礎工作。現在的消費電子展已經建立了非常多關係，事實上，我要很驕傲地說，就「關注顧客需要」的排名來說，消費電子展目前依舊名列前茅，因為我們不會主觀假設什麼東西對顧客最好。

第四，我們的業務副總裁丹・柯爾（Dan Cole）創造了一個特殊的顧客中心專案，積極聚焦在客戶的即時需求和願望，並為他們提供快速的解決方案，這或許最重要的一點。

我們稱之為「SURE 專案」，它代表「**緊迫、熱誠和同理心的意識**」（Sense of Urgency, Responsiveness and Empathy）。

除非對方知道這項產品對他們多有用，否則不會有人在乎它有多棒。有一個稱為「賣這枝筆給我」的古老銷售員技巧，其實就是指「請說明我為何需要這枝筆」。

我們相信，預先察覺問題並展現迅速解決問題的誠意是非常重要的。我們希望顧客（及潛在顧客）知道我們會設身處地看待他們的問題。他們期望我們迅速回應，而我們也會這麼做。我們的主要目標是要在不安和沮喪發生前，先試圖加以安撫。所以，我們總是以緊迫與同理心意識來回應顧客，而且，成效相當好。事實上，其他企業也開始採用我們的SURE法。

(3)忍者借力使力，以其人之道還治其人之身

儘管COMDEX展基本上是一個電腦展，但卻積極爭取消費電子產品的企業。而我們對此的回應則是廣泛將消費電子產品定義為電腦、資訊科技和所有和網際網路有關的產品。我們的策略就是追求COMDEX的優勢，一如他們追求我們的優勢，我們不會把市場留給他們。

不過，我們深知，若要以COMDEX之道還治其身，必須非常謹慎且深思熟慮。具體而言，我們根據即將到場發表基本方針演說的演講者來定義消費電子展的特色。

一九九八年時，在展覽副總裁凱倫・查帕卡（Karen Chupka）的帶領下，我們做了一個大突破，那一年，我們說服比爾・蓋茲和昇陽電腦的史考特・麥尼利（Scott McNealy）共同擔任開展演說者。

我永遠都不會忘記蓋茲獨自一人進入旅館大會議廳進行排練時，頭埋在一本雜誌裡的畫面。每年蓋茲的簡報都會加長一點，而我們對現場布置的投資也持續成長，這讓我們吸引到

更多觀展人和媒體，會議室也愈換愈大。

最值得一提的是，我們利用蓋茲的演說，將消費電子展促銷為一場重量級產業活動——畢竟比爾‧蓋茲可不是每天都會對大眾發表演說。這讓我們得以吸引到其他重量級的演說者，尤其是資訊科技界的名人如甲骨文的賴瑞‧伊利森（Larry Ellison）和思科的約翰‧錢伯斯。

我們爭取到了整個資訊科技領域，而隨著資訊科技領域的新產品如智慧型手機、筆記型電腦、平板電腦和桌上型電腦透過消費者管道推出，我們也希望提高媒體能見度、尋求大型零售商和金融圈注意的企業前來。就這樣，COMDEX那種專以電腦玩家和企業資訊長為訴求的模式漸漸失去重要性，我們也漸漸奪走他們的市佔率。

我在這個過程中學到一個教誨：儘管只有大約2%的觀展人（約莫3千人）會參加開展演說，但我們的活動定位及行銷，卻愈來愈以這場基本方針演說為主軸。基於這個原因，直至今日，我們總是非常謹慎挑選開展的演說者，因為我們希望利用他們來界定活動的特色，同時凸顯出展覽的重要性。

這個策略也產生了一個很棒的正面副作用：很多大型企業的執行長都想到消費電子展發表演說，因為這對他們個人職業生涯和任職的公司來說，也是一個重要的里程碑，畢竟這是一場全球性的活動。

另外，我們也利用這些演說來擴展消費性電子產品的範圍，進一步涵蓋無線、電玩遊戲、汽車甚至娛樂圈。我認為凱倫當初強化基本方針演說的本質及其定位的眼光，是讓國際消費電子展得以成為世界上最成功的科技盛事的主要原因之一。

⑷忍者能機靈地再投資自己

簡單說，我們會自我改變。

在芝加哥夏季展停辦後，我們直接把拉斯維加斯冬季展改名為消費電子展，也就是CES。不過，當時我們的行銷專家之一建議我們增加「國際」兩個字。

我記得當初聽到這個意見時，我雖然同意，但卻不認為這有什麼了不起的。但事實證明，這卻是最影響深遠但卻最簡單的改變之一。一旦加了「國際」兩字，就好像變得重要很多。光是在「消費電子展」前加上「國際」兩字，我們就從根本改造了這場活動的本質和觀感。簡單加上兩個字，再配合一點點行銷活動，我們便開始吸引到額外的國際觀展者到我們的展場——目前每年的國際觀展人數都超過三萬人。這讓我們的展覽成為參展者心目中更重要的展覽，因為他們可以藉此吸引到外國買家，銷售量將因此明顯擴增。

從那時開始，我們便不遺餘力地藉由出訪世界各地、說服更多顧客的方式，接納並擴展國際的參與度。為了實踐將消費電子展包裝為一場國際性活動的聰明行銷策略，我們積極鎖定海外媒體並迎合外國的需要——如聘請更多翻譯人員。

此外，我們還和拉斯維加斯會議暨遊客管理局及美國商務部合作，以便尋找並吸引更多外國買家和重要媒體前來拉斯維加斯。

我們為吸引國際觀展人而投入的長期投資，確實也收到良好的成效。二〇一二年的國際消費電子展吸引了超過3萬5千名外國人到拉斯維加斯。這個龐大的國際代表團提振了美國經濟，增加了這場活動的重要性，並讓我們的全球性參展公司得以動用國際行銷預算資金來支持它們的展出活動。

(5)忍者會善加利用周遭環境為自己創造優勢

我從跆拳道領悟到的教誨之一是，隨時都要清楚掌握周遭的情況。不管身在何處，都應該仔細觀察。你面臨什麼樣的威脅？又可能有什麼機會？逃脫的路線是什麼？還有，一旦遭遇攻擊，身邊有什麼潛在的武器可使用？最後一點和這段討論的相關性最高。忍者絕對不會讓自己走投無路，因為他懂得利用每樣東西來為自己創造優勢。

專業展的任務是要讓參展公司有辦法以具成本效益的方式和新客戶及舊客戶會面，這就是我們的賣點。不過，我剛接任消費電子協會總裁不久時，顧客其實是在流失。

我們傳統的觀展人——成千上萬家的小型獨立舊式零售商——因為消費者開始偏好大型商店如百思買和折扣商店如好市多（Costco）等，而紛紛關門大吉。

更糟的是，包括亞馬遜、Crutchfield和Newegg等網路零售商的規模持續成長，並吸走很多顧客。我們的主要買家已不是那成千上萬家小零售商，而只是少數幾個大型買家。我們曾開玩笑地說，只要一個小房間就能容納這個產業的90％購買力。

零售模式從傳統商業區商店演變為大購物商場，並非我們的傑作，那是自由市場的力量，面對這樣的演變，我們也決定順勢而為，不要和趨勢對抗。於是，我們發展了一個鎖定其他必要觀展者——媒體、投資圈和相關產業及潛在合作伙伴等——的策略。另外，也擬定吸引各種觀眾的戰術，包括目標行銷、攸關會議計畫和各種貴賓指定方案等。

後來，買方圈彼此合併的情況比我們原本注意到的更加顯著。但無論如何，二〇一二年的國際消費電子展還是我們有史以來最受歡迎的一場展覽。

⑹忍者隨時都在尋找盟友——甚至在敵人裡尋找盟友

當然，沒有人能永遠孤立，而且，在專業展的世界裡，尋找合作夥伴重於一切。亞當．布蘭登伯格（Adam Brandenburger）及貝瑞．奈爾巴夫（Barry Nalebuff）所著的《競合：結合競爭與合作的革命性思維；改變商業賽局的賽局理論策略》（Co-Opetion）一書，就描述了和競爭者合作的好處。我們也可以用「世界上沒有永遠的朋友，更沒有永遠的敵人」這句古諺來說明這個重要的策略。

國際消費電子展之所以會成功，原因在於它是個大熔爐。我們歡迎所有和這個產業有關的人。

我們吸引超過一百多個相關協會成為我們的盟友協會。我們承認這些協會，並以特別待遇來回報他們的支持。在華盛頓，我們得和他們爭地盤，但在拉斯維加斯，我們卻張開雙臂擁抱他們。此外，我們總是很客氣，會盡可能支持他們及他們的活動，而如果我們想針對彼此有爭議的領域舉辦專題討論會或會議，也會邀請他們來參與，讓他們有機會分享他們的觀點。

我們也會和網站、出版商、專家和其他族群合作擴展消費電子展的廣度。這是一場廣泛的創新活動，所以往往都能吸引很多不同的產業來共襄盛舉。我們不是、也不可能成為所有領域的專家，所以，我們會尋找和我們秉持相同價值觀的博學之士來協助我們，共同建立合作關係。我們的合作理論主張雙贏。所以，我們在建立合夥關係時，一定會秉持一個基本原則：不干預彼此的支出細節，但讓彼此都有促進營業收入成長的誘因。

我非常喜歡這些合作關係，因為透過合作，我們遇到了世界上某些最具創業精神且最創新的人。他們為國際消費電子展注入活力、刺激因素和新奇的經驗。

所以，我們在創業家羅賓・瑞斯金（Robin Raskin）的「活在數位時代」（Living in Digital Times）裡建立了我們的專欄，和唐恩・阿普森（Don Upson）——他是個採購專家，也是我的好朋友——共同舉辦政府相關的活動，並和生活多采多姿的維克多・哈伍德（Victor Harwood）共同建立我們的「數位好萊塢」計畫。每一場消費電子展都建立了介於20到30個積極的合作關係，這不僅能延伸我們的品牌，也讓我們獲得一群想讓國際消費電子展變得更完美的夥伴。

(7)忍者有活力也有熱情

我們總是會讓國際消費電子展保有新鮮感和刺激感。沒有人喜歡枯燥乏味的東西。當然，更沒有人會想去參加一場無聊的活動。即使在商業界，一般人在投入時間和金錢參加並參與各種活動以前，也都會稍做衡量。

我知道現代人已經不覺得搭飛機有趣，而且對很多人來說，儘管拉斯維加斯是很棒的旅遊地點，但不管是就飛行時間、費用和從家裡或辦公室到此地參加活動的時間而言，代價都很高。所以，我們的策略是希望做到讓每個人都有多重理由來觀展。

首先，我會假設「參加」或「不參加」的比例大約是各50%。所以，我們不遺餘力地設法讓所有人都感覺自己受到歡迎、感覺非常舒適。我們也假設很多人是基於害怕和貪婪的動機前來。他們擔心自己會錯失一些重要的機會，而貪婪是指他們希望來看看是否有更多賺錢的新機會。

所以，在展覽開始以前，我們會利用行銷活動、媒體和特殊邀請函來確保每個符合資格的潛在觀展者都有多重理由（基於不同來源）來參加這場展覽。這包括讓參展公司有機會接觸這些觀展人，讓觀展人產生參加展覽的期待心理，同時廣發和重大刺激性發展有關的媒體新聞稿，而且在展覽召開前幾個月，持續設法維持它的話題性。

此外，身為展覽主辦者，我們不能只是仰賴參展企業的魅力，還要幫忙製造加分效果！我規定消費電子展每年都必須增加三個特殊的新活動、領域或演出，當然，它們必須能引人注目且讓人感到興奮才行。

往往我們增加的活動、領域或演出經常都超過三個，不過，通常只會強調與促銷其中幾個。我們不僅必須吸引人們登記參觀展覽，更要讓他們真的坐飛機過來。

⑻忍者永不止息

即使我們已成功將國際消費電子展打造為業界最受歡迎的主要專業展，但我們還不滿足。我們還努力想確保所有參加者都能獲得最棒的體驗。

吸引人前來參與活動只是個開始，我們也希望他們能獲得絕佳的體驗，唯有如此，他們來年才會再出現。為了實現這個目標，我們會深入調查觀展人意見，以尋求改善之道。問卷調查裡最重要的問題之一，是請求賓客為消費電子展的職員打分數。我們通常都會耐心等待答覆結果，看看分數是否逐年上升。

為確保賓客評分能逐年上升，在每場活動展開前，我們都會針對展覽的所有層面安排員工訓練課程。我們甚至會請回以前的員工來擔任展覽工作人員，因為他們了解這些活動和顧客，而且也因為他們有熱情和正確的態度，我們甚至還為員工的家庭成員安排了一個稱為「分享愛」的特殊計畫，透過這個計畫，員工的家人可以在展覽期間提供協助，為賓客提供資訊和其他服務，當然，這是有給職。

每年每場展覽開始前，我們都會先進行大規模的訓練，甚至對所有參與展覽的員工舉行測驗。我會在「畢業典禮」上發表鼓勵性的演說，我告訴他們，每個消費電子展員工都是展覽的老闆之一，他們可以分享成就，但也必須共同承擔失敗。我們的願景是「透過創新改善世人生活」，而國際消費電子展正是實現這個願景的手段之一。我會告訴他們，顧客——尤其是小型顧客——不遠千里還參加這場活動的風險是什麼。我向他們說明大約只有50％的人會決定參加活動，所以，和觀展人的所有接觸，都會在對方心中留下印象，因此，他們是決定活動成敗的關鍵。

實際的展覽活動可謂整套精心計劃的最高潮。每場消費電子展開幕前，我們會仔細考量活動的每個層面，包括巴士的安排及發車頻率與路線、地毯厚度，以及樓板平面規劃及登記和資訊網站，還有參展廠商會議等林林總總的事務。我們並不完美，但卻不斷改進，而且身為世界上最重要的創新活動，我們總是努力設法讓參加者感覺這是一個非常棒的經驗，一點也不虛此行。

創新者勝利的一刻

當我接掌消費電子協會及它的重要活動國際消費電子展時，我也接下了一個重責大任。我面臨了維持消費電子展的重要性及擊退主要競爭對手COMDEX的雙重挑戰。我要求整個團隊共同扛起這些挑戰：不僅要保持自身的重要性，更要擊退COMDEX。

我要很驕傲的說，他們做到了！

而且，這些經驗也讓我學會如何建構一個成功的組織。我們也犯過錯，而且是幾乎致命的錯誤。但我們透過這些錯誤來成長並茁壯。更重要的是，**我們從競爭者的錯誤中學習。這個流程讓我學到了忍者創新者的技巧，它讓我搞懂要怎麼做才會成功。**

我之所以能在此大肆評論當今其他企業和個人的成功和失敗，不只是因為我從各個會員身上學到要怎樣才能成功，更因為我親身見證了這一切。

當時，我並不知道這些成功技巧其實正是古代忍者武士的成功之道。不過，我現在了解，讓忍者成功的因素也是讓所有人成功的因素。

忍者精神

十八世紀初期，有關忍者的歷史紀錄突然中斷。沒有人肯定究竟發生了什麼事，不過較可能的解釋是，那時的日本已經變成更統一個國家，爭奪封地的情況也愈來愈少見，所以，忍者的重要性遂漸漸降低。

到十九世紀，忍者就已成為傳奇故事的題材。關於忍者神奇技藝——如水上漂、隱形等離奇故事大量流傳，所以，也沒有人分得出哪些才是歷史上的真實忍者，哪些又是杜撰出來的忍者。

等到好萊塢在二十世紀開始迷忍者後，忍者就變成了一種象徵：在遙遠國度的最偉大武者。真實的忍者如服部半藏和風魔小太郎等，也成為受歡迎的虛構角色，他們從事間諜活動的能耐和使劍的技巧等，徹底征服了觀眾的想像——現代人心目中的「影武者」應該就是那個樣子。

我必須承認，我不是第一個用忍者來形容詞某個過程的人。不管是在什麼領域，只要是被形容為「忍者」的，絕對都是最頂尖的。

遺憾的是，這個標籤已經被過度濫用，讓它的歷史意義幾乎消失殆盡。每個人都知道忍者是什麼，但卻很少人能真的說出他們是誰，做些什麼事。我寫這整本書的目的之一是要為歷史上的忍者平反，因為我堅信，讓日本封建時代的忍者得以獨樹一格的因素，也是讓二十一世紀美國成功創新者或創業家得以表現過人的因素。當然，也因為歷史上的真實忍者真的非常酷。

不過，本書的目的絕對不是要研究歷史，所以，如果有任何學者發現我寫的內容有任何錯誤，請多包涵。誠如我一開始就聲明的，這是一本關乎「成功」及「如何成功」的書。不過，我希望自己也用了相同的強度來說明失敗的寶貴意義。

我在書裡提到很多反面教材的個案，舉這些例子的目的，並不是要讓某個人或企業成為笑柄。相對的，我希望這些企業能從自己的失敗中學到教誨，並變得更強大、更完善。畢竟，我相信不管是歷史上的真實忍者或我們杜撰出來的忍者武士，一定都認同「失敗為成功之母」。

不管是透過個人職業生涯或學習跆拳道的過程，我都學會一件事：成功絕非一蹴可及。就像一個作家，要完成一本書，得投入很長的時間和努力才會成功。身在消費電子協會的我幾乎每天都得和聯邦政府交手。相信我，這需要一點耐性。

不過，回顧自己過往的經驗，尤其是高畫質數位電視及國際消費電子展的經驗，我深知多數值得追求的事物，都得花很長的時間才能實現，有時候，時間甚至漫長得令人痛苦。沒有任何事比照顧新生兒、學步孩童、和不成熟的青少年更能磨練耐性。

像父母的工作就永遠都沒有完成的一天。那為什麼要做這些事？因為當你看著自己的成就時，一定會感到非常快樂；當你凝視著自己的孩子，所有的痛苦、付出和熬夜的辛勞等，全都會一瞬間蒸發得無影無蹤，而且你將會得到真正的滿足。

即使我是個黑帶高手，我還是很清楚自己的極限。不過，那並不是重點。我不能因為自己不可能無所不能，而認為自己無法做好很多事。在一路晉級到黑帶的過程中，漫長的訓練及研究讓我了解到成功——無論是個人或企業——是多年努力的成果。

唯有訓練、紀律和失敗才能讓人發揮潛力。不過，我終究學會了。要成為一個忍者，必須專心致志，絕對不要妄自菲薄地一口咬定自己絕對不會成功。成功確實得來不易，但唾手可得的東西絕對不可能有價值。

要成為一個忍者，必須專心致志，絕對不要妄自菲薄地一口咬定自己絕對不會成功。成功確實得來不易，但唾手可得的東西絕對不可能有價值。

現在，你已經知道忍者是改變世界的人，**忍者創新者總是想著未來可能發生什麼事，而不是想現在發生什麼事**。他們會把實現那些事物當成對自己的挑戰。他們的生命非常充實，設定目標，並進而實現目標，他們樂於擠壓自己，並在這個過程中得到極大的喜樂。

任何人都能成為忍者，忍者其實是一種處事之道，這是一種凡事盡全力的哲學，一種解決問題的方法，一種讓自己及企業更盡善盡美的承諾。

每個人、每個族群、企業和政府都能發展出一種忍者文化。任何人或主體都能採納一種利用創新思考、利用創新來突破障礙，並進而追求成功的策略。

忍者會想像未來，並進而著手創造自己想像中的未來。我寫這本書的目標就是要鼓勵你利用忍者的技巧來創造自己的未來，真心希望你有朝一日能創造自己的未來，並來和我分享你的成果。

謝辭

這本書封面上印的作者是我，所以如果本書內容有任何誤謬，我當然會為它負起完全的責任，不過，我還是要感謝所有讓這個美夢成真的人曾經給我的指導，更要感謝他們所做的決策和付出的努力。

創作這本書也需要一個忍者戰鬥團隊，而且，每個團隊成員的角色都舉足輕重，對任務的成功也都貢獻良多。

如果我四位祖父母當年沒有歷盡千辛萬苦地設法逃脫他們所面臨的可怕情境，就不會有我和這本書。他們每個人都是貨真價實的忍者，不僅勇於面對嚴厲的現實挑戰，更能採取果斷的行動與順應時勢。雖然他們的財務情況並不優渥，但總算是劫後餘生，並讓他們的孩子得以過更好的生活。

當年我媽媽的雙親馬克斯和曼妮是搭乘一輛運送乾草的馬車離開俄羅斯，一路風塵僕僕地抵達蒙特婁，他們在當地落腳並安定下來後才終於結婚。我父親的媽媽——珍——則是為了擺脫反猶太主義迫害而逃離波蘭，移民到紐約，最後遇到了我祖父——來自羅馬尼亞的里昂，他們在曼哈頓的百老匯及90街合開了一家名叫「百老匯乳品店」的小雜貨店。

有一年夏天，我父親傑洛米在紐約州北部的一個夏令營擔任指導老師。當時他深受一個名叫蜜兒德芮的女孩的笑聲所吸引，他們在隔年一月結為連理。父親是二次世界大戰的退伍軍官，退伍後，他根據美國軍人權利法案（GI Bill）取得教育學士學位。我父母親雙雙擔任教職，但為了讓孩子們能接受音樂、電影、運動、海洋活動和4-H發展教育的薰陶，他們也兼差做其他工作。結褵近50年後，我母親不幸罹患阿茲海默症。父親一肩擔負起在老家照顧她的責任，整整看護她十幾年，直到她過世為止，而短短一年後，我父親也撒手人寰。

父親是我人生第一個良師益友，他花了非常多的時間在我身上：我們每星期都會去圖書館，一起下過成千上萬局的西洋棋、橋牌和其他撲克牌遊戲。他堅持讓我透過紙牌遊戲來學習數學。只要我有求於他，他一定會撥冗提供建議，但卻從來不會對我妄下評斷或直接下指導棋，而是利用各種問題來確認我是否想通各種選擇和後果。

我父親是用智慧來帶領我，而我母親則是不斷用各種時事問題來訓練我，同時對我的禮態非常要求，她曾為了矯正我的姿勢，在我頭上擺一本書，要求我連續來回走好幾個小時。她非常嚴厲，但卻教會我尊重自己的身體，而且教我運動、健康飲食，並讓我懂得在工作與休閒之間取得一個平衡。早在製造堆肥的風氣和蔬食主義開始流行以前，她就開始這麼做，而且她還教我終身學習的重要性。

我的三個兄弟艾瑞克、肯恩和霍伊和我是在一個強調勤奮工作、愛家和重視教育的價值觀中成長。母親和父親也賜予我們自信和相信自己能解決一切問題的感受。他們透過日常生活中的一切讓我們學會忍者的創意問題解決方法。

我一生認識過很多了不起的良師和益友，他們對我的影響都非常深遠。高中時，我的社會學老師迪納波利老師經常敦促我要勇於挑戰現狀。在喬治城法學院就讀時，我的合約教授理查・高登（Richard Gordon）更讓我大開眼界，了解到機會和行動將決定人一生的歷程。國會議員米奇・愛德華（Mickey Edward）給了我一份國會山莊的差事，我在那裡學會了政府的運作模式，並見識到美國人的各種不同觀點。

前聯邦貿易委員吉姆．尼可森（Jim Nicholson）讓我到他的法律事務所擔任實習生，並教導我如何在極短的時間內為華爾街的客戶進行企業合併分析，幫助他們釐清合併後的展望。這件工作讓我學會如何取得競爭性資訊、以局部的數據歸納出結論，同時進行人性化的分析——這一切都是網際網路時代以前的事。另外，甘乃迪總統時代的美國郵政署署長愛德華．戴伊（Edward Day）網羅我擔任他在史奎山德斯（Squire Sanders）法律事務所的員工，並放手讓我管理一個大型客戶，這個客戶很快就邀請我加入他們的行列，並讓我全權負責一切事務，而從那時迄今，我沒有在換過工作。

剛加入消費電子協會時，我是在二次大戰紫心勳章得主傑克．衛曼（Jack Wayman）的指導下做事。他總是能跳脫框架思考，而且是個行動敏捷的忍者。他不僅成立了國際消費電子展，也曾為了在拉斯維加斯興建一棟大樓的想法和 COMDEX 老闆謝爾登．阿德爾森（Sheldon Adelson）接洽，後來，他把這個案子移交給我。和傳奇人物阿德爾森交手，簡直就像接受戰火的洗禮，不過，我當時也學會一件事：有遠見的忍者願意為了實現夢想而不惜付出任何代價。

和協會領導人彼特．麥克洛斯基（Pete McCloskey）共事也讓我受教良多，他不僅拔擢我成為他的總顧問，更讓我體悟到必須諮詢產業同僚的意見，同時傾聽重要議題，才有成事的機會，使用齷齪的手段絕對無濟於事。而且，我也從他身上體會到到家庭第一的概念。

這個產業的很多主管級人士幫助我順利從一個律師轉型為一個領導人。傑瑞．卡洛夫（Jerry Kalov）教我品味人生並鼓勵我冒險，更承諾會在我失敗（我經常失敗）時為我提供奧援。傑克．普拉漢（Jack Pluckhan）讓我搞懂日本企業文化、耐性、互重及忠誠度的重要性。而彼得．列瑟（Peter Lesser）就像個強力共鳴板，讓我了解到紐約客遠比其他地方的美國人更直接。

消費電子協會是一個忍者組織，因為我們擁有實力堅強的領導人，擁有實實在在的街頭智慧、秉持機會主義、講求道德，而且，身為不斷自我再造的產業，我們向來支持新成員的加入，而這些新成員也都有著各自的忍者傳奇故事。我認識達瑞爾・艾薩（Darrell Issa）時，他只是是消費電子展的參展廠商之一，當時他正好遭遇到一個工會問題。我解決了那個問題，達瑞爾從此便全力投入協會，一路爬到我們的領導核心，並帶領我們從原本的組織中獨立。如今的達瑞爾已是一個堅毅且高效率的國會委員會主席。

喬伊・克雷頓（Joy Clayton）曾領導美國無線電公司、全球交叉點公司（Global Crossing）和Sirius，目前是Dish公司的老闆。他個性堅毅，而且非常聰明，更是傑出的行銷高手。在他的領導下，本協會持續成長，過程中不僅改名，更成為產業界及華盛頓當局眼中的重要角色。

凱西・高爾尼克（Kathy Gornik）、洛伊德・艾維（Loyd Ivey）以及約翰・夏蘭姆（John Shalam）在很多方面的表現都令人驚豔。他們全都懷抱著美國夢，經營著非常了不起的企業，而且這些企業迄今都與消費電子展同在。他們都對消費電子協會及消費電子展滿懷熱情，而且非常樂意將愛傳遞下去——他們協助所有有能力在消費電子展展示創意的創辦人，讓那些後起之秀能在不花費龐大成本的情況下和買家見面並和媒體及投資人接觸。

蘭迪・弗萊（Randy Fry）一直都是最棒的主席，他總是不斷挑戰極限，並鼓勵整個消費電子協會努力倡議「創新」的重要性。除了已卸任的佩特・拉維爾（Pat Lavelle）和蓋瑞・亞可畢恩（Gary Yacoubian）主席，我們還擁有非常優秀的領導團隊，所有人都支持這個產業和國家採行先進創新策略。當然，如果沒有他們和二〇一二年消費電子協會執行董事會裡的眾多產業同僚——吉姆・巴傑特（Jim Bazet）、丹尼斯・吉普森（Denise Gibson）、羅伯・菲爾德（Robert Fields）、傑伊・麥利蘭（Jay McLellan）、菲爾・莫利紐克斯（Phil Molyneux）、丹尼爾・比吉恩（Daniel Pidgeon）、喬治・史戴潘西（Gorge Stepancich）、史帝夫・帝芬（Steve Tiffen）和麥克・維戴利（Mike Vitelli）——的支持，《忍者式創新》一書不可能有付梓的一天。事實上，這本書屬於消費電子協會！

另外，我一定要感謝維吉尼亞州阿南戴爾（Annandale）金氏空手道館（Kim's Karate）的老師們。他們不僅教我技巧，也教我要遵守紀律。直至今日，我都還在「健康形象成果」班（Fitness Image Results）的傑夫．史特拉罕（Jeff Strahan）和沃夫．加特查克（Wolf Gottschalk）的指導下，繼續接受體能訓練。在此，我要大聲對同在消費電子協會的日常運動計畫「新兵訓練營」（Boot Camper）受訓的同仁們說：你們的鼓勵和支持讓我活力充沛！

我也要感謝我平日支持的幾個團體。無標籤組織正試圖改變美國的政治文化，將國家利益擺在兩黨利益之上。請現在就上www.nolabels.com，並立即加入。

世界電子論壇（World Electronics Forum）匯集了我來自世界各地的產業同僚們。我們一直努力促進世界各地的創新，這件工作真的非常重要。

巴比．基爾伯格（Bobbie Kilberg）領導的北維吉尼亞科技委員會（Northern Virginia Tech Council）一如它位於全國各地的對等組織，努力以追求創新為宗旨。過去兩年間，我和很多這些團體見面並深談過，這些創新者的熱情和創意讓我屢屢感到悸動不已。如果我們能釋放這些人的力量，我們的前途將會非常光明。

相似的，華盛頓地區也有非常多優秀的科技組織領導人才，他們也正努力讓未來的創新變得更加不同，包括通訊產業協會（Telecommunication Industry Association）的葛蘭特．賽佛特（Grant Seiffort），科技執行長協會（Technology CEO Council）的布魯斯．梅爾曼（Bruce Mehlman），BSA／軟體聯盟（BSA/ The Software Alliance）的羅伯．荷利曼（Robert Holleyman），電腦及通訊產業協會（Computer & Communication Industry Association，簡稱CCIA）的艾德．布雷克（Ed Black），「資訊科技產業委員會」（Information Technology Industry Council，簡稱ITIC）的迪恩．加菲爾德（Dean

Garfield），還有國家製造業協會的傑伊・帝曼斯（Jay Timmons）。

有些思慮周延的智庫和公共利益團體也協助推動良性的創新政策，包括公共知識（Public Knowledge，由不屈不撓的奇奇・宋（Gi Gi Sohn）領導），卡托研究所（Cato Institute）、傳統基金會（Heritage Foundation）和電子自由基金會（Electronic Freedom Foundation）等。

一本書的完成，需要很多人和專家的貢獻。消費電子協會內部的蘿莉安・菲利普斯（Laurie Ann Phillips）提供了非常多的協助，讓整個流程得以順利推動。傑夫・喬瑟夫（Jeff Joseph）和蘿拉・哈巴德（Laura Hubbard）在專欄和出書流程中提供協助，而茱莉・科爾尼（Julie Kearney）、凱倫・恰普卡（Karen Chupka）、麥可・派翠肯（Michael Petricone）、丹恩・柯爾（Dan Cole）和布萊恩・馬克華特（Brian Markwalter）則幫我讀過很多不同的章節，並提供很多評論。蘇珊・李多頓（Susan Littleton）、麥可・布朗（Michael Brown）和約翰・林賽（John Lindsey）提供非常大的行銷及設計支援，也提供非常多建議。我了不起的優秀助理傑克・布雷克（Jack Black）則是幫我排除諸多障礙，讓一切得以平順進行。另外，我們最優秀的律師約翰・凱利（John Kelly）和卡拉・麥瑟（Kara Maser）以及我們傑出的營運長葛蘭達・麥克穆林（Glenda MacMullin）則負責監督所有商業活動的安排。我在寫這本書時，葛蘭達還幫我管理消費電子協會，好讓我能專注於手上的工作。

有關智慧財產方面的外部評論者包括音樂家兼律師的包伯・史瓦茲（Bob Schwartz）以及商業版權專家大衛・列伯維茲（David Leibowitz）。另外，高畫質數位電視傳奇人物彼得・芬農（Peter Fannon）的協助，讓本書有關數位電視的那個章節的內容變得更加豐富。包伯・史瓦茲和康士坦丁肯農律師事務所（Constntine Cannon）的賽斯・葛林斯坦（Seith Greenstein）則為高畫質無線廣播的內容提供很多寶貴意見。

另外，我還要感謝品克斯頓集團（Pinkston Group）的布萊克．迪沃瑞克（Blake D. Dvorak），沒有他就沒有這本書。他的組織、他對忍者的研究，以及他幫我改寫的部分內容，讓這本書的可讀性提高，並變得更加有趣。他的同事克利斯坦．品克斯頓（Christian Pinkston）和大衛．福斯（David Fouse）也是讓這個美夢成真的推手。

當然，本書原文版出版公司威廉莫洛／哈波柯林斯公司（William Morrow/Harper Collins）也對我助益良多。該公司非常有創意、專業、透明，且不吝於協商。我尤其要感謝執行編輯彼得．哈巴德（Peter Hubbard）、安迪．達德（Andy Dodds）、柯爾．哈格爾（Cole Hagger）和塔維亞．科瓦恰克（Tavia Kowalchuck）。另外，也要大大感謝琳恩．葛蕾迪（Lynn Grady），他在行銷方面的創意及熱情，讓人感覺參與這整個專案是一種享受。

最後，我要感謝我的家人。儘管過去一年來，我太太蘇珊．馬林諾斯基醫師自己忙於從事各種突破性研究、處理繁雜的醫療執業事務、申請專利、興建我們的房子、養育我們四歲大的孩子、懷孕及生子，同時還要準備十公里慢跑比賽等，但她還是不遺餘力地支持我寫這本書。不過，如果不是她父母親——我親愛的岳父母裘拉及愛德華．馬林諾斯基醫師，每天慷慨地花很多時間幫忙照顧我們的孩子，這本書也永遠沒有完成的一天。

幸運的我擁有一個充滿愛的家庭，能得到朋友協助，也擁有消費電子協會同仁及志工的支持，他們對我不僅重要，更是這個了不起的產業的成功關鍵。我們全都懷抱相同的熱情：創新是讓所有人都能過得更好的策略。希望你也能加入消費性電子協會「創新運動」（www.declareinnovation.com）的行列。

大寫出版 In-Action! 書系 HA0045
原著者 蓋瑞・夏皮洛 Gary Shapiro
譯者 陳儀
行銷企畫 郭其彬、王綬晨、邱紹溢、陳詩婷、張瓊瑜、黃文慧
大寫出版編輯室 鄭俊平、夏于翔
發行人 蘇拾平

大寫出版 Briefing Press
台北市復興北路 333 號 11 樓之 4
電話：（02）27182001 傳真：（02）27181258

發行 大雁文化事業股份有限公司
台北市復興北路 333 號 11 樓之 4
24 小時傳真服務（02）27181258
讀者服務信箱 E-mail: andbooks@andbooks.com.tw
劃撥帳號：19983379
戶名：大雁文化事業股份有限公司

香港發行 大雁（香港）出版基地・里人文化
地址：香港荃灣橫龍街 78 號正好工業大廈 22 樓 A 室
電話：852-24192288 傳真：852-24191887
Email：anyone@biznetvigator.com

初版一刷◎ 2014 年 1 月
定價◎ 320 元 ISBN 978-986-6316-93-7

忍者式創新

像殺手一樣執行破壞式創新的商戰奇襲者

in Action!
使用的書.
HA0045

Ninja Innovation：The Ten Killer Strategies of the World's Most Successful Businesses
byGary Shapiro

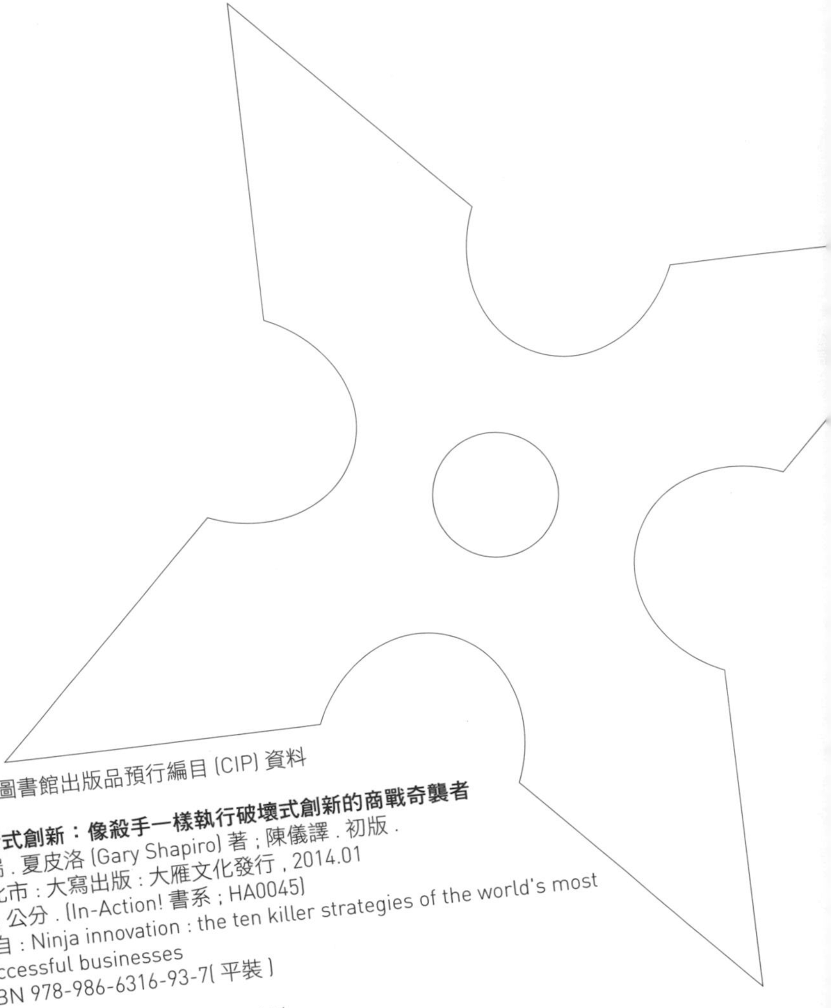

國家圖書館出版品預行編目（CIP）資料

忍者式創新：像殺手一樣執行破壞式創新的商戰奇襲者
蓋瑞．夏皮洛（Gary Shapiro）著；陳儀譯．初版．
臺北市：大寫出版：大雁文化發行，2014.01
面；公分．（In-Action! 書系；HA0045）
譯自：Ninja innovation : the ten killer strategies of the world's most successful businesses
ISBN 978-986-6316-93-7（平裝）

1. 企業經營 2. 創意 3. 職場成功法
494.1102024642